Nomenclator animalium genererum et subgenerum

Im Auftrage der

Deutschen Akademie der Wissenschaften
zu Berlin

herausgegeben von

F. E. Schulze (†) W. Kükenthal (†) K. Heider (†)
R. Hesse (†)

Aus dem handschriftlichen Nachlaß bearbeitet
und bis 1935 ergänzt von

S. v. Kéler

Fünfter Band:
Sechsundzwanzigste Lieferung: Zaphlethis–Zyzzygus

Ausgegeben am 26. April 1954

AKADEMIE-VERLAG · BERLIN

Zaphlethis [pro *Zaplethis* A. Förster 1868] W. H. Ashmead P. U. S. Mus. *v.* 23 (nr. 1206) p. 190 1900 X 13 Hym. Ichneum.

Zaphne A. J. B. Robineau-Desvoidy Mém. prés. Ac. France *v.* 2 p. 527 1830 Dipt. Calypt.

Zaphon *Subg.* ad *Nassa* J. Lamarck | H. & A. Adams Gen. Moll. *v.* 1 p. 121 1853 Moll. Gastr.

Zaphotias pro *Bonapartia* Goode & Bean 1896 | Jordan & Evermann Bull. U. S. Mus. nr. 47 *v.* 3 p. 2826 1898 XI Pisc. Teleost.

†**Zaphrenthis** *Subg.* ad *Turbinolia* J. Lamarck | Rafinesque & Clifford Ann. gén. Sci. phys. *v.* 5 p. 234 1820 Anthoz. Tetracorall.

†**Zaphrentis** [pro *Zaphrenthis* Rafinesque & Clifford 1820] J. Haime Bull. Soc. géol. France s. 2 *v.* 7 p. 161 1850 Anthoz. Tetracorall.

†**Zaphrentoides** A. Stuckenberg Trudy geol. Kom. *v.* 10 nr. 3 p. 38 & 133 & 191 1895 Anthoz. Tetracorall.

†**Zaphrentula** Bolchovitinova Bull. sect. géol. Soc. nat. Moscou *v.* 3 p. 64 1915 Coelent.

†**Zaphrissa** E. Cope J. Ac. Philad. s. 2 *v.* 6 fasc. 1 p. 76 & 77 1866 VII Amph. Anura

Zaphrizza [pro *Zaphrissa* E. Cope 1866] A. Marschall Nomencl. zool. p. 59 1873 Amph. Anura

Zaphthora A. Förster Verh. Ver. Rheinlande *v.* 25. p 206 1868 Hym. Ichneum.

Zaphyllonotum A. Caudell P. ent. soc. Washington *v.* 11 fasc. 3 p. 113 1909 X 5 Orthopt. Acrid.

Zaphymatocera Sato Ins. matsum. *v.* 2 nr. 4 p. 180 1928 VI Hym. Tenthr.

Zaphysema H. Pilsbry in Tryon & Pilsbry Man. Conch. s. 2 *v.* 9 (nr. 34) p. 65 1893 Moll. Gastr.

Zaplagius *(Sect.)* ad. *Drymaeus* J. C. Albers | H. Pilsbry Nautilus *v.* 9 p. 115 1896 Moll. Gastr.

Zaplatycerus Timberlake P. Hawaiian Ent. Soc. Honolulu *v.* 6 p. 173 1925 VIII Hym. Chalcid.

Zaplatystoma Viereck Canad. Ent. *v.* 57 p. 177 & 180 1925 VII Hym. Ichneum.

Zaplethis A. Förster Verh. Ver. Rheinlande *v.* 25 p. 205 1868 Hym. Ichneum.

Zaplethocornia O. Schmiedeknecht Opusc. ichneum. *v.* 5 (fasc. 32) p. 2519 1912 XI Hym. Ichneum.

Zaplous J. L. Leconte P. Amer. phil. Soc. *v.* 17 (nr. 101) p. 415 1878 Col. Ceramb.

Zaplutus E. Bergroth Ann. nat. Hist. s. 6 *v.* 12 (nr. 68) p. 119 1893 VIII Rhynch. Heteropt. Geocor.

Zapolia pro *Pachymeria* J. Stephens [1829] | J. Gistel Naturg. Thierr. p. X 1848 Dipt. Empid.

Zaporina [pro *Zapornia* W. Leach 1816] T. Forster Syn. Cat. Brit. B. p. 27 & 59 1817 Av. Grall.

Zapornia W. Leach Syst. Cat. Mam. & B. Brit. Mus. p. 34 1816 Av. Grall.

Zaporota N. Banks Bull. Mus. Harvard *v.* 64 p. 342 1920 Trichopt.

Zaporus A. Förster Verh. Ver. Rheinlande *v.* 25 p. 152 1868 Hym. Ichneum.

Zapotecia A. G. Eisen P. Calif. Ac. s. 3 *v.* 2 p. 165 & 205 1900 I 20 Verm. Oligoch.

Zaprionus D. Coquillett P. U. S. Mus. *v.* 24 (nr. 1243) p. 31 1901 IX 27 Dipt. Acalypt.

Zaprium E. Coues Bull. U. S. Mus. *v.* 1 nr. 2 p. 34 1875 Av. Longip.

Zaprochilus pro *Prochilus* A. Brullé 1835 | A. Caudell P. ent. Soc. Washington *v.* 11 fasc. 3 p. 114 1909 V 13 Orthopt. Loc.

Zaprora D. Jordan P. Calif. Ac. s. 2 *v.* 6 p. 202 1896 Pisc. Teleost.

†**Zapsalis** E. Cope P. Ac. Philad. 1876 p. 344 1877 Rept. Din.

Zapterus pro *Euhyas* R. B. Sharpe 1896 | H. Oberholser P. Ac. Philad. 1899 p. 201 1899 Av. Grall.

Zapteryx Jordan & Gilbert P. U. S. Mus. *v.* 3 p. 53 1880 V 6 Pisc. Elasm.

Zaptix (err. pro *Zaptyx* Pilsbry 1900) Kobelt Nachrbl. D. malak. Ges. *v.* 33 p. 158 1901 Moll. Gastrop.

†**Zaptychius** C. D. Walcott Monogr. U. S. geol. Surv. *v.* 8 p. 263 1884 Moll. Gastr.

Zaptychopsis Ehrmann SB. Ges. Leipzig *v.* 49—52 p. 17 1927 Moll. Gastrop.

Zaptyx H. Pilsbry P. Ac. Philad. 1900 p. 672 1900 Moll. Gastr.

Zapus E. Coues Bull. U. S. geol. geogr. Surv. Terr. *v.* 1 s. 2 nr. 5 p. 253 1876 Mam. Rod.

Zapyrastra E. Meyrick Tr. N. Zealand Inst. *v.* 21. p. 171 1889 Microlep. Elachist.

Zapyrus A. C. Günther Rept. Brit. Ind. p. 256 1864 Rept. Oph.

Zaracha F. Walker Tr. nat. Hist. Soc. Glasgow *v.* 1 p. 335 1869 Lep. Aganaid.

Zarachella K. Jordan N. zool. *v.* 22 fasc. 2 p. 277 1915 VI 30 Lep. Bombyc.

†**Zarachis** [pro *Zarhachis* E. Cope 1868] Beneden & Gervais Ostéogr. Cét. p. 512 1880 Mam. Cet.

Zaradnya [pro *Zarudnya* L. Melichar 1902] J. V. Carus Zool. Anz. — Bibliogr. *v.* 7 p. 503 1902 VIII 18 Rhynch. Homopt. Fulg.

Zaraea W. Leach Zool. Misc. *v.* 3 p. 113 1817 Hym. Tenthred.

†**Zaraiskites** Semenoff Annuaire géol. min. Russie *v.* 2 nr. 5 p. 114 1897 Moll. Ammon.

Zaramella [pro *Zaramilla* T. Stebbing 1888] F. Beddard Zool. Rec. *v.* 25 (1888) Index p. 17 1890 Crust. Amph.

Zaramilla T. Stebbing Rep. Voy. Challenger — Zool. *v.* 29 (nr. 67) p. 866 1888 Crust. Amph.

Zaranga F. Moore Tr. ent. Soc. London 1884 fasc. 3 p. 357 1884 X Lep. Notodont.

Zarania F. Walker List Lep. Brit. Mus. *v.* 34 p. 1262 1865 Microlep. Pyral.

Zaraphia pro *Saraphia* A. Risso 1826 | A. N. Herrmannsen Indicis Gen. Malac. Primord. *v.* 2 fasc. 4 p. 714 1849 III Moll. Gastr.

Zarapita Mathews Birds Australia *v.* 3 p. 168 1913 Av.

Zaratha F. Walker List Lep. Brit. Mus. *v.* 29 p. 789 1864 Microlep. Elachist.

Zaratus W. Distant Entomologist *v.* 42 (nr. 550) p. 59 1909III Rhynch. Heteropt. Geocor.

Zarax F. Pascoe Ann. nat. Hist. s. 3 *v.* 19 (nr. 114) p. 410 1867VI Col. Ceramb.

Zarax *Subg.* ad *Laxita* A. G. Butler | H. Fruhstorfer in A. Seitz Großschmett. Erde *v.* 9 p. 789 1914IV15 Lep. Riodin.

Zarca P. Cameron Tr. ent. Soc. London 1878 fasc. 2 p. 142 1878VII Hym. Tenthred.

Zarceus I. Bolivar Ann. Soc. ent. France *v.* 64 fasc. 2 p. 383 1895XI27 Orthopt. Gryll.

Zarcinia P. Chrétien Ann. Soc. ent. France *v.* 84 fasc. 3 p. 310 1915XII8 Microlep. Tineid.

Zarea [pro *Zaraea* W. Leach 1817] A. Brullé in A. Lepeletier Ins. Hym. *v.* 4 p. 673 1846 Hym. Tenthred.

Zaretes [pro *Zaretis* Jac. Hübner 1616[—26]] J. Röber in Staudinger & Schatz Exot. Schmett. *v.* 2 fasc. 4 p. 174 1888X Lep. Nymphal.

Zaretis Jac. Hübner Verz. Schmett. p. 49 1816[1819] Lep. Nymphal.

Zarfa F. Walker Tr. nat. Hist. Soc. Glasgow *v.* 1 p. 338 1869 Lep. Lymantr.

Zargochilus C. A. Alluaud Ann. Soc. ent. France *v.* 77 fasc. 1 p. 25 1908VII8 Col. Carab.

Zargus T. V. Wollaston Ins. Mader. p. 22 1854 Col. Carab.

†**Zarhachis** E. Cope P. Ac. Philad. 1868 p. 189 1868 Mam. Cet.

Zarhipis J. L. Leconte Tr. Amer. ent. Soc. *v.* 9 p. 38 & 39 1881 Col. Canthar.

Zarhopaloides A. Girault Mem. Queensl. Mus. *v.* 4 p. 99 1915 Hym. Chalcid.

Zarhopalus W. H. Ashmead P. U. S. Mus. *v.* 22 (nr. 1202) p. 342 & 347 & 406 1900VI5 Hym. Chalcid.

Zarhynchus pro *Eucorystes* P. Sclater 1883 | H. Oberholser P. Ac. Philad. 1899 p. 215 1899 Av. Passer.

Zarhynchus W. H. Ashmead P. U. S. Mus. *v.* 23 (nr. 1206) p. 59. 1900X13 Hym. Ichneum.

Zaria J. E. Gray Syn. Brit. Mus. ed. 44 p. 60 1842 Moll. Gastr.

Zaria: [*Nom. nud.*] J. E. Gray Syn. Brit. Mus. ed. 42 p. 147 1840 Moll. Gastr.

Zaria [pro *Zaïra* A. J. B. Robineau-Desvoidy 1830] F. Walker List Dipt. Brit. Mus. nr. 4 p. 1172 1849 Dipt. Calypt.

Zariaspes Godman & Salvin Biol. Centr.-Amer. — Zool. Lep. Rhopaloc. *v.* 2 p. 485 1900VIII Lep. Hesper.

Zariedus *Subg.* ad *Otiorrhynchus* [*Otiorhynchus*] E. F. Germar | E. Reitter Wien. ent. Zeit. *v.* 31 fasc. 2 p. 60 1912III15 Col. Curc.

Zarima F. Moore in Hewitson & Moore Descr. Lep. Atkinson fasc. 3 p. 162 1881XI28 Lep. Noctuid.

Zarina L. Fairmaire Ann. Soc. ent. Belgique *v.* 42 p. 251 1898 Col. Ceramb.

Zariquieya Jeannel Publ. Junta Ciën. nat. *v.* 4 p. 3 1924 Col. Carab.

Zariquieyella (pro *Hoffmannia* Knirsch 1927) Jeannel Bull. Soc. ent. France 1928 p. 297 1928 Col. Silph.

Zarmigethusa F. Walker List Lep. Brit. Mus. *v.* 26 p. 1637 1862 Lep. Geometr.

Zarona L. Nicéville J. Asiat. Soc. Bengal *v.* 57II fasc. 4 p. 280 1889III23 Lep. Lycaen.

Zarudniola Semenov-Tian-Schanski u. Martynow Rev. Russe Ent. *v.* 19 p. 74 1925 Col. Sternox.

Zarudnya L. Melichar Ann. Hofmus. Wien *v.* 17. p. 131 1902 Rhynch. Homopt. Flat.

Zaruma Melichar Ann. Mus. Hungar. *v.* 23 p. 340, 347 1926XII29 Hem. Cicad.

Zarytes I. Bolivar Bol. Soc. Españ. *v.* 4 p. 456 1904 Orthopt. Acrid.

Zascelis J. L. Leconte P. Amer. phil. Soc. *v.* 15 (nr. 96) p. 240 & 256 1876XII Col. Curc.

Zaschisoniyx (pro *Zaschizonyx* Ashmead 1898) Ross Canad. Ent. *v.* 61 p. 272 1929XII Hym. Tenthr.

Zaschizonyx W. H. Ashmead Canad. Ent. *v.* 30 fasc. 10 p. 257 1898X8 Hym. Tenthred.

Zasenoclia S. A. Rohwer P. U. S. Mus. *v.* 59 (nr. 2361) p. 104 1921 VI28 Hym. Tenthred.

Zasenoelia [pro *Zasenoclia* S. A. Rohwer 1921] D. Sharp Zool. Rec. *v.* 58 (1921) Index p. 14 1923 Hym. Tenthred.

Zasphinctus Wheeler P. Amer. Ac. *v.* 53 nr. 3 p. 219, 224 1918I Hym. Formic.

Zaspilota *Subg.* ad *Spilota* É. Blanchard | T. Casey Mem. Col. *v.* 6 p. 47 1915XI27 Col. Scarab. Rutel.

Zaspilothynnus W. H. Ashmead Canad. Ent. *v.* 35 fasc. 4 p. 99 1903IV1 Hym. Thynn.

Zastenomorpha Viereck Psyche *v.* 28 p. 81 1921 Hym.

Zasternaulax H. Viereck P. U. S. Mus. *v.* 42 (nr. 1920) p. 647 1912VIII29 Hym. Ichneum.

Zastoma pro *Brachystomia* T. Monterosato [1884] | T. Iredale P. malac. Soc. London *v.* 11 fasc. 6 p. 336 1915VIII20 Moll. Gastr.

Zastomias C. H. Gilbert P. U. S. Mus. *v.* 48 (nr. 2075) p. 322 1915I28 Pisc. Teleost.

Zastonia (J. Boisduval MS.) G. Herrich-Schäffer Außereur. Schmett. *v.* 1 p. 67 1850—58 [1858] Lep. Notodont.

Zatapina F. Karsch Berlin. ent. Z. *v.* 36 (1891) fasc. 2 p. 290 1892III Arachn. Aran.

Zatapinoma Wheeler P. N. Engl. zool. Club *v.* 10 p. 20 1928I30 Hym. Formic.

Zathanius T. Casey Mem. Col. *v.* 10 p. 434 & 482 1922XI25 Col. Curc.

Zathecus H. Bates Ent. monthly Mag. *v.* 4 p. 26 1867VI Col. Ceramb.

Zathorax E. Cope P. Ac. Philad. 1871 p. 271 t. 4 f. 1 1872 Pisc. Teleost.

Zathrepha pro *Zatrephes* | Jac. Hübner Verz. Schmett. — Register p. 29 1816 [1826] Lep. Syntom.

Zati *Subg.* ad *Cynamolgus* | L. Reichenbach Affen. p. 130 [1863] Mam. Prim.

Zatilpa pro *Grypotes* 1917 | H. Dyar Insecutor Insc. menstr. *v.* 8 fasc. 1—3 p. 50 1920II27 Lep. Noctuid.

Zatingis Drake J. Sci. Iowa St. College *v.* 3 nr. 1 p. 44 1828X Hem. Tingid.

Zatomus E. Cope P. Amer. phil. Soc. *v.* 12 p. 211 1871 Rept. — ? Din.

†**Zatrachis** [pro *Zatrachys* E. Cope 1878] G. A. Boulenger Zool. Rec. *v.* 21 (1884) Rept. p. 19 1885 Amph. Stegoceph.

†**Zatrachys** E. Cope P. Amer. phil. Soc. *v.* 17 p. 523 1878 Amph. Stegoceph.

Zatranosema H. Viereck Ent. News Philad. *v.* 23 fasc. 1 p. 45 1912I Hym. Ichneum.

Zatrephes G. Hampson Cat. Lep. Phal. Brit. Mus. *v.* 1 p. 474 1898 Lep. Syntom.

Zatrephes Jac. Hübner Verz. Schmett. p. 171 1816[—26] Lep. Thaumatopoeidae

Zatrephina F. Spaeth D. ent. Z. 1909 fasc. 6 p. 720 1909XII Col. Chrysomel.

Zatrephus F. Pascoe Tr. ent. Soc. London s. 2 *v.* 4 fasc. 4 p. 94 1857IV Col. Ceramb.

Zatricaprion Karny J. Malayan Branch R. Asiat. Soc. *v.* 1 p. 173 1923IV Orth. Tettigon.

Zatrichodes E. Meyrick Exot. Microlep. *v.* 1 fasc. 8 p. 247 1914X Microlep. Tineid.

Zatropis J. C. Crawford P. ent. Soc. Washington *v.* 9 p. 159 1908IV25 Hym. Chalcid.

Zatropus (err. pro *Zatropis* Crawford 1908) Brooks J. Agr. Res. *v.* 33 nr. 4 (K-172) p. 337 1926VIII15 Hym. Chalcid.

Zatteria C. Eliot P. zool. Soc. London 1902II fasc. 1 p. 62 1902X Moll. Gastr.

Zatypota A. Förster Verh. Ver. Rheinlande *v.* 25 p. 166 1868 Hym. Ichneum.

Zauclophora A. J. Turner Tr. P. R. Soc. S. Austral. *v.* 24 fasc. 1 p. 8 1900VIII Microlep. Gelech.

Zaumseilia Schmidt Ent. Mt. *v.* 13 nr. 2/3 p. 98 1924V1 Hem. Cicad.

Zaus H. Goodsir Ann. nat. Hist. *v.* 16 (nr. 106) p. 326 t. 11 f. 1 1845XI Crust. Cop.

Zausodes Wilson Bull. U. S. Mus. nr. 158 p. 187 1932 Crust. Copepoda

Zausopsis Lang Acta Univ. Lund. *v.* 30 nr. 14 p. 13 1934 Crust. Copepoda

Zausoscidia G. Haller Zool. Anz. *v.* 2 (nr. 25) p. 179 1879IV7 Crust. Cop.

Zavaljus E. Reitter Verh. Ges. Wien. *v.* 29 (1879) Abh. p. 544 1880 Col. Cryptoph.

Zavipio H. Viereck Bull. U. S. Mus. nr. 83 p. 156 1914I31 Hym. Bracon.

Zavodesus *Subg.* ad *Otiorrhynchus* [*Otiorhynchus*] E. F. Germar | E. Reitter Wien. ent. Zeit. *v.* 31 fasc. 2 p. 61 1912III15 Col. Curc.

Zavrelia J. J. Kieffer in E. Bause Arch. Hydrob. Planktonk. — Suppl. *v.* 2 fasc. 1 p. 73 1914III28 Dipt. Chiron.

Zavreliella Kiefer Bull. Soc. Ent. France 1919 p. 334 1920 Dipt.

Zazaca F. Walker List Lep. Brit. Mus. *v.* 34 p. 1269 1865 Microlep. Pyral.

Zazanisa F. Walker List Lep. Brit. Mus. *v.* 33 p. 1106 1865 Microlep. Pyral.

Zazunga H. Dyar P. U. S. Mus. *v.* 38 (nr. 1742) p. 251 1910VI7 Lep. Noctuid.

†**Zdimir** J. Barrande Syst. silur. Bohême — Rech. pal. *v.* 6 p. 171 1881 Brachiop.

Zea W. Distant Rhop. Malay. fasc. 5 p. 369 & 377 1886 Lep. Hesper.

Zeablennius Whitley Mem. Queensl. Mus. *v.* 10 p. 20 1930 Pisces Teleost.

Zeacalles T. Broun Ann. nat. Hist. s. 6 *v.* 12 (nr. 71) p. 379 1893XI Col. Curc.

Zeacolpus Allan Tr. N. Zealand Inst. *v.* 57 p. 289 1927 *(nom. nud.)*; Finley l c. p. 388 1927 Moll. Gastrop.

†**Zeacrinites** [*Nom. nud.*] G. Troost Amer. J. Sci. s. 2 *v.* 8 p. 419 1849XI Echinod. Crin.

†**Zeacrinites** (Troost MS.) J. Hall Rep. geol. Surv. Iowa *v.* 1 nr. 2 p. 543 1858 Echinod. Crin.

†**Zeacrinus** (Troost MS.) pro *Zeacrinites* | J. Hall Rep. geol. Surv. Iowa *v.* 1 nr. 2 p. 544 1858 Echinod. Crin.

Zeacrypta Allan Tr. N. Zealand Inst. *v.* 57 p. 304 1927 *(nom. nud.)*; Finlay l. c. p. 393 1927 Moll. Gastrop.

Zeactedium Netolitzky Wien. ent. Zeit. *v.* 47 p. 182 1931 Col Carab.

Zeacumanthus (err. pro *Zeacumantus* Finlay 1927) Thiele Handb. *v.* 1 p. 208 1931 Moll. Gastrop.

Zeacumantus Finlay Tr. N. Zealand Inst. *v.* 57 p. 380 1927 Moll. Gastrop.

Zeacuminia Finlay Tr. N. Zealand Inst. *v.* 61 p. 47 1930 Moll. Gastrop.

Zeadmete Finlay Tr. N. Zealand Inst. *v.* 57 p. 429 1927 Moll. Gastrop.

Zeadolopus T. Broun Ann. nat. Hist. s. 7 *v.* 11 (nr. 66) p. 614 1903VI Col. Leiod.

†**Zeaecrinites** [*Nom. nud.*] G. Troost P. Amer. Ass. *v.* 2 p. 61 1850 Echinod. Crin.

Zeaera [pro *Zaeera* F. Pascoe 1865] A. Marschall Nomencl. zool. p. 254 1873 Col. Ceramb.

Zeaglophus T. Broun Ann. nat. Hist. s. 6 *v.* 15 (nr. 87) p. 234 1895III Col. Elat.

Zeagyrtes T. Broun Bull. N. Zealand Inst. *v.* 1 fasc. 5 p. 386 1917 Col. Silph.

Zealandortalis Malloch Rec. Canterbury Mus. *v.* 3 p. 243 1930 Dipt. Ortalid.

Zeale F. Pascoe Tr. ent. Soc. London s. 3 *v.* 5 fasc. 3 p. 287 1866VI Col. Ceramb.

†**Zealeda** J. Marwick P. malac. Soc. London *v.* 16 fasc 1 p. 25 1924 Moll. Lam.

Zealleyella *Subg.* ad *Plagiolepis* G. Mayr | G. Arnold Ann. S. Afr. Mus. *v.* 14 fasc. 5 p. 579 & 586 1922X Hym. Form.

Zeamordella T. Broun Man. N. Zealand Col. fasc. 4 p. 847 1886 Col. Mordell.

Zeamphioxus Whitley Austr. Zool. *v.* 7 p. 264 1932 Cephalochordata.

Zeanoe (W. Leach MS.) Gray Brit. Syn. p. 198 1852 Moll. Gastr.

Zeapollia Finlay Tr. N. Zealand Inst. *v.* 57 p. 418 1927 Moll. Gastrop.

†**Zeapora** K. Penecke Jahrb. geol. Reichsanst. *v.* 43 (1893) fasc. 3/4 p. 610 1894 Bryoz. Ectopr.

Zearcopagia Finlay Tr. N. Zealand Inst. *v.* 57 p. 466 1927 Moll. Lam.

Zeargyra F. Pascoe Ann. nat. Hist. s. 5 *v.* 17 (nr. 99) p. 245 1886 III Col. Ceramb.

Zeargyrodes Fisher Philipp. J. Sci. *v.* 28 p. 223 1925 Col. Ceramb.

Zeatrophon Finlay Tr. N. Zealand Inst. *v.* 57 p. 413 & 424 1927 Moll. Gastrop.

Zeatyrus D. Sharp Ent. monthly Mag. *v.* 18. p. 48 1881 Col. Pselaph.

Zeba (err. pro *Ziba* Adams 1853) Garrett J. Conch. Paris *v.* 3 p. 73 1880 Moll.

Zebeeba pro *Nycteola* G. Herrich Schäffer 1850—51 | W. F. Kirby Cat. Lep. Heteroc. *v.* 1 p. 279 1892 Lep. Noctuid.

†**Zebina** *Subg.* ad *Rissoina* A. D. Orbigny | H. & A. Adams Gen. Moll. *v.* 1 p. 328 1854 Moll. Gastr.

Zebinella *Subg.* ad *Rissoina* A. D. Orbigny | O. Mörch Malak. Bl. *v.* 23 p. 47 1876 Moll. Gastr.

Zebinus L. Fairmaire Ann. Soc. ent. Belgique *v.* 38 fasc. 4 p. 139 1894 Col. Scarab. Ceton.

Zebittium Finlay Tr. N. Zealand Inst. *v.* 57 p. 381 1927 Moll. Gastrop.

Zebonda F. Walker List Lep. Brit. Mus. *v.* 32 p. 498 1865 Lep. Megalopyg.

[**Zebra** J. Severini Tentamen Hungar. p. 31 1779 Mam. Ungul.] *non bin.*

Zebra *(Sect.)* ad *Orthalicus* H. Beck | R. Shuttleworth Not. malac. *v.* 1 p. 60 1856 Moll. Gastr.

Zebramoria Iredale Rec. Austral. Mus. *v.* 17 p. 180 1929 Moll. Gastrop.

Zebrapicus A. Malherbe Mém. Ac. Metz *v.* 30 p. 316 & 360 1849 Av. Pici

Zebrasoma *Subg.* ad *Acanthurus* P. Forskål | W. Swainson Hist. Classif. Fish. *v.* 2 p. 178 & 256 1839 VII Pisc. Teleost.

Zebratula Y. Sjöstedt Ark. Zool. *v.* 12 fasc. 3/4 nr. 20 p. 19 1920 VII 1 Orthopt. Acrid.

Zebrias Jordan & Snyder P. U. S. Mus. *v.* 23 (nr. 1213) p. 380 1900 XII 10 Pisc. Teleost.

Zebricium [pro *Zebriscium* C. Rafinesque 1815] Jordan & Evermann Publ. Stanford Univ. — Univ. Ser. [*v.* 27] p. 92 1917 Pisc. Teleost.

Zebrida Ad. White P. zool. Soc. London *v.* 15 p. 120 1847 Crust. Dec. Brach.

Zebrida *(Nom. nud.)* Adams & White in Ad. White List Crust. Brit. Mus. *v.* 1 p. 124 1847; White P. zool. Soc. London *v.* 15 p. 120 1847 Crust. Dec. Brach.

Zebrillus (err. pro *Zebrilus* Bonaparte Consp. Av. 1855) Neave Nomencl. Zool. *v.* 4 p. 695 1940 Aves Ardeae

Zebrilus C. L. Bonaparte CR. Ac. Sci. *v.* 40 p. 723 1855 IV Av. Cicon.

Zebrina F. Held Isis 1837 column. 917 1837 Moll. Gastr.

Zebrinops Thiele Handb. *v.* 2 p. 525 1931 Moll. Gastrop.

Zebrinus pro *Zebrina* F. Held 1837 | C. Westerlund Palaearct. Binnenconch. *v.* 3 p. 1 & 3 1887 Moll. Gastr.

Zebripicus [pro *Zebrapicus* A. Malherbe 1849] C. L. Bonaparte CR. Ac. Sci. *v.* 38 p. 656 1854 IV Av. Pici

Zebriscium *(Nom. nud.)* C. Rafinesque Anal. Nat. p. 93 1815 Pisc. Teleost.

Zebrodes W. Warren Ann. nat. Hist. s. 6 *v.* 17 (nr. 97) p. 104 1896 I Microlep. Pyral.

Zebromyia Malloch P. Linn. Soc. N. S. Wales *v.* 54 nr. 224 p. 321 1929 X 25 Dipt. Tachin.

Zebronia Jac. Hübner Verz. Schmett. p. 361 1816[—26] Microlep. Pyral.

Zebrus de Buen Bull. Soc. Sci. Maroc. *v.* 10 nr. 7—9 p. 135 1930 XII 31 Pisces Teleost.

Zebu *Anonymus* London Enc. *v.* 22 p. 752 1829 Mam. Ungul.

Zebua [pro *Yerbua* J. R. Forster 1778] J. E. Gray Mag. nat. Hist. n. s. *v.* 1 p. 582 1837 XI Mam. Rod.

Zebus [pro *Zebu Anonymus* 1829] E. Blyth J. Asiat. Soc. Bengal *v.* 29 p. 283 1860 Mam. Ungul.

[**Zecora** J. Severini Tentamen Hungar. p. 31 1779 Mam. Ungul.] *non bin.*

Zecoturnix Iredale & Mathews Bull. Orn. Club *v.* 46 p. 76 1926 Aves Galli

Zediloma Finlay Tr. N. Zealand Inst. *v.* 57 p. 352 1927 Moll. Gastrop.

Zedla [pro *Tedla* F. Walker 1869] R. McLachlan Zool. Rec. *v.* 7 (1870) p. 461 1871 Orthopt. Loc.

Zefallacia Finlay Tr. N. Zealand Inst. *v.* 57 p. 384 1927 Moll. Gastrop.

Zegalerus Finlay Tr. N. Zealand Inst. *v.* 57 p. 392 1927 Moll. Gastrop.

Zegriades F. Pascoe Tr. ent. Soc. London s. 3 v. 3 fasc. 6 p. 525 1869 I Col. Ceramb.

Zegris (Rambur MS.) J. Boisduval in Boisduval & Guénée Spec. gén. Lép. *v.* 1 p. 552 1836 — cfr. et J. Rambur Ann. Soc. ent. France v. 5 (1836) fasc. 4 p. 581 1837 — Lep. Pierid.

Zeheba F. Moore Lep. Ceylon *v.* 3 (nr. 13) p. 468 1887 Lep. Geometr.

Zehntneria C. Brunner in Brunner & Redtenbacher Ins.-Fam. Phasm. fasc. 2 p. 182 & 233 1907 Orthopt. Phasm.

Zeidora A. Adams Ann. nat. Hist. s. 3 *v.* 5 (nr. 28) p. 301 1860 IV Moll. Gastr.

†**Zeilleria** C. Brongniart Bull. Soc. Rouen s. 3 *v.* 21 p. 63 1885 Palaeodict.

†**Zeilleria** É. Bayle Explic. Carte France *v.* 4 Atl. fasc. 1 t. & explic. t. 8 & 9 1878 Brachiop.

Zeiona F. Pascoe J. Linn. Soc. London — Zool. *v.* 11 (nr. 51) p. 179 1871 VI 8 Col. Curc.

Zeiraphera F. Treischke in Ochsenheimer (Treitschke) Schmett. Eur. *v.* 7 p. 231 1829 Microlep. Tortric.

Zeizera pro *Zeuzera* P. Latreille 1805 | A. Spuler in Hofmann-Spuler Schmett. Eur. *v.* 2 p. 304 1907 Lep. Cossid.

Zekelita F. Walker List Lep. Brit. Mus. *v.* 27 p. 199 1863 Microlep. Pyral.

Zela L. Nicéville J. Bombay Soc. *v.* 9 fasc. 4 p. 386 1895 VI 20 Lep. Hesper.

Zela pro *Zele* J. Curtis 1832 | W. A. Schulz Spolia hym. p. 136 1906 Hym. Bracon.

Zelandiella Finlay Tr. N. Zealand Inst. *v.* 56 p. 232 1926 Moll. Gastrop.

Zelandites Marshall Tr. N. Zealand Inst. *v.* 56 p. 147 1926 Moll. Ceph.

Zelandius A. Raffray Rev. Ent. Franç. *v.* 17 p. 217 & 272 1898 Col. Pselaph.

Zelandobius R. J. Tillyard Canad. Ent. *v.* 53 fasc. 2 p. 43 1921 II 28 Perl.

Zelandodesmus (pro *Zelanodesmus* Chamberlin 1920) Neave Nomencl. zool. *v.* 4 p. 695 1940 Myriop.

Zelandoglochina Alexander Ann. nat. Hist. s. 9 *v.* 13 p. 499 1924 V Dipt. Tipul.

Zelandomyia Alexander Ann. nat. Hist. s. 9 *v.* 11 p. 106 1923 I Dipt. Tipul.

Zelandoperla Tillyard Tr. N. Zealand Inst. *v.* 54 p. 212 1923 XII 14 Perl.

Zelandopsocus Tillyard Tr. N. Zealand Inst. *v.* 54 p. 183 1923 XII 14 Psocopt.

Zelandopsyche R. J. Tillyard Tr. N. Zealand Inst. *v.* 53 p. 348 1921 VIII 31 Trichopt.

Zelandoptila Tillyard Tr. N. Zealand Inst. *v.* 55 p. 300 1924 IX 30 Trichopt.

Zelandotipula *Subg.* ad *Holorusia* H. Loew | C. P. Alexander Ann. nat. Hist. s. 9 *v.* 9 (nr. 53) p. 522 V Dipt. Tip.

Zelanion R. Chamberlin Bull. Mus. Harvard *v.* 64 p. 39 1920 Myriop. Chilop.

Zelanodesmus R. Chamberlin Bull. Mus. Harvard *v.* 64 p. 108 1920 Myriop. Diplop.

Zelanoides *Subg.* ad *Zelanion* | R. Chamberlin Bull. Mus. Harvard *v.* 64 p. 39 1920 Myriop. Chilop.

Zelanophilus R. Chamberlin Bull. Mus. Harvard *v.* 64 p. 50 1920 Myriop. Chilop.

Zelatractodes G. Enderlein Arch. Naturg. *v.* 88A nr. 5 p. 169 1922 VI Dipt. Acalypt.

Zelaxitas Finlay Tr. N. Zealand Inst. *v.* 57 p. 375 1927 Moll. Gastrop.

Zele J. Curtis Brit. Ent. [ed. in 16 *v.*] *v.* 9 p. 415 1832 Hym. Bracon.

Zeleboria H. Saussure Reise Novara — Zool. *v.* 2IA Hym. p. 131 1867 Hym. Thynn.

Zeledonia R. Rigdway P. U. S. Mus. *v.* 11 p. 537 1889 IX 20 Av. Passer.

Zeleja L. Melichar Ann. Mus. Hungar. *v.* 13 fasc. 1 p. 380 & 383 1915 VII 15 Rhynch. Homopt. Fulg.

Zeleotomus [pro *Zeteotomus* C. Jacquelin 1857] A. Marschall Nomencl. zool. p. 254 1873 Col. Staphyl.

Zelesus pro *Zelus* J. Fabricius [1803] | C. Rafinesque Anal. Nat. p. 120 1815 Rhynch. Heteropt. Geocor.

Zeleticontus F. Silvestri Boll. Laborat. Zool. Portici *v.* 9 p. 343 1915 Hym. Chalcid.

Zeletocoris [pro *Zelotocoris* B. Poppius 1921] D. Sharp Zool. Rec. *v.* 58 (1921) Ins. p. 243 1923 Rhynch. Heteropt. Geocor.

Zelia A. J. B. Robineau-Desvoidy Mém. prés. Ac. France *v.* 2 p. 314 1830 Dipt. Calypt.

†**Zelia** *Subg.* ad *Borsonia* L. Bellardi | A. Gregorio Ann. Géol. Pal. nr. 7 p. 44 1890 Moll. Gastr.

Zelica Jac. Hübner Verz. Schmett. p. 396 1816[—26] Lep. Notodont.

Zelica J. Brookes Cat. Mus. Brookes p. 84 1828 Av. Passer.

Zelima J. Fabricius Mag. Ins.-Kunde *v.* 6 p. 279 1807 Lep. Papil.

Zelima J. W. Meigen N. Classif. Mouches p. 34 An VIII [1800] Dipt. Syrph.

Zelinda A. J. B. Robineau-Desvoidy Hist. Dipt. *v.* 1 p. 485 1863 Dipt. Calypt.

Zelinkia A. Giard CR. Soc. Biol. *v.* 56 p. 1063 1904 Verm. Gastrotr.

Zelinkiella H. K. Harring Bull. U. S. Mus. nr. 81 p. 107 1913 VI 28 Verm. Rotif.

Zelippistes Finlay Tr. N. Zealand Inst. *v.* 57 p. 396 1927 Moll. Gastrop.

†**Zeliszkella** Delo J. Pal. *v.* 9 p. 418 1935 Trilobita.

Zelithophaga Finlay Tr. N. Zealand Inst. *v.* 57 p. 451 1927 Moll. Lam.

Zelitoe [*Nom. nud.*] C. Rafinesque Anal. Nat. p. 137 1815 Crust. Cirr.

Zella T. Iredale P. Linn. Soc. N. S. Wales *v.* 49 fasc. 3 (nr. 197) p. 183 & 271 1924 X 24 Moll. Gastr.

†**Zellania** C. Moore P. Somersetsh. Soc. *v.* 5 p. 111 1855 Brachiop.

Zellatilla H. Dyar Insecutor Insc. menstr. *v.* 2 fasc. 7 p. 111 1914 VIII 3 Lep. Bombyc.

Zelleria A. J. B. Robineau-Desvoidy Hist. Dipt. *v.* 1 p. 984 1863 Dipt. Calypt.

Zelleria H. Stainton Att. Tineid. & Pterophor. p. 22 1849 Microlep. Yponomeut.

Zelleria J. Egger Verh. Ver. Wien *v.* 6 p. 385 1856 Dipt. Calypt.

Zelleria P. Duchassaing An. rad. Antill. p. 23 1850 Hydroz. Hydroid.

Zelleriella Metclaf P. Washingt-ton Ac. *v.* 6 nr. 7 p. 432 1920 VII *(nom. nud)*; Science *v.* 52 p. 136 1920 Prot. Opalin.

Zelma H. E. Andrewes Ann. nat. Hist. s. 9 *v.* 5 (nr. 30) p. 451 1920 VI Col. Carab.

Zelmira J. W. Meigen N. Classif. Mouches p. 16 An VIII [1800] Dipt. Mycetophil.

Zeloboria [pro *Zeleboria* H. Saussure 1867] C. Waterhouse Index zool. [*v.* 1] (1880—1900) p. 399 1902 Hym. Thynn.

Zelogenes J. Thomson Rev. Mag. Zool. s. 3 *v.* 5 p. 267 1877 Col. Ceramb.

Zelomera A. G. Butler Cistula ent. *v.* 3 (fasc. 26) p. 25 1882 X 6 Lep. Notodont.

Zelomora E. Meyrick Exot. Microlep. *v.* 1 fasc. 10 p. 292 1915 VIII Microlep. Tineid.

Zelomorpha W. H. Ashmead P. U. S. Mus. *v.* 23 (nr. 1206) p. 129 1900 X 13 Hym. Bracon.

Zelomorphidea *Subg.* ad *Zelomorpha* W. H. Ashmead | H. Viereck P. U. S. Mus. *v.* 42 (nr. 1920) p. 630 1912 VIII 29 Hym. Bracon.

Zelorica H. J. Finlay Tr. N. Zealand Inst. *v.* 57 p. 334 1927 Moll. Chit.

†**Zelosis** D. Jordan in Jordan & Gilbert Publ. Stanford Univ. — Univ. Ser. [*v.* 42] p. 24 1920 II Pisc. Teleost.

Zelosyne T. Walsingham Biol. Centr.-Amer. — Zool. Lep. Heteroc. *v.* 4 p. 50 1911 V Microlep. Gelech.

Zelota C. Gahan P. zool. Soc. London 1902 II fasc. 2 p. 273 1903 IV Col. Ceramb.

Zelotaea H. Bates J. Linn. Soc. London — Zool. *v.* 9 (nr. 39) p. 381 1868 II 18 Lep. Riodin.

Zelotechna E. Meyrick Exot. Microlep. *v.* 1 fasc. 7 p. 222 1914 VII Microlep. Tineid.

†**Zelotes** Jordan Publ. Stanford Univ. Biol. Sci. *v.* 1 nr. 4 p. 254 1921 Pisces Teleost.

Zelotes pro *Melanophora* C. L. Koch 1833 | J. Gistel Naturg. Thierr. p. IX 1848 Arachn. Aran.

Zelotherses J. Lederer Wien. ent. Monschr. *v.* 3 p. 250 1859 Microlep. Tortric.

†**Zelotichthys** (pro *Zelotes* Jordan 1925) Jordan Publ. Stanford Univ. Biol. Sci. *v.* 4 nr. 1 p. 44 1925 Pisces Teleost.

Zeloticus L. Péringuey Tr. S. Afr. Soc. *v.* 6 nr. 2 p. 17 1892 Col. Carab.

Zelotocoris B. Poppius Ann. Mus. Hungar. *v.* 18 p. 33 & 46 1921 XII 15 Rhynch. Heterop. Geocor.

Zelotomelus *Subg.* ad *Otiorrhynchus* [*Otiorhynchus*] E. F. Germar | E. Reitter Wien. ent. Zeit. *v.* 31 fasc. 2 p. 61 1912 III 15 Col. Curc.

Zelotomys W. Osgood Publ. Field Columb. Mus. — Zool. Ser. *v.* 10 fasc. 2 p. 7 1910 II Mam. Rod.

Zelotypa A. Förster Hym. Stud. *v.* 2 p. 130 & 141 1856 Hym. Proctotrup.

Zelotypia A. W. Scott Tr. ent. Soc. N. S. Wales *v.* 2 fasc. 1 p. 37 1869 Lep. Hepial.

Zelotypus E. Abeille Rev. Ent. Franç. *v.* 19 p. 180 1900 X Col. Malach.

Zelskia [pro *Jelskia* J. Bourguignat 1877] F. Paetel Cat. Conch.-Samml. ed. 4 *v.* 1 p. 473 1888 Moll. Gastr.

Zeltus L. Nicéville Butt. Ind. Burmah Ceylon *v.* 3 p. 3 & 399 1890 Lep. Lycaen.

Zeluco Whitley Austr. Zool. *v.* 6 p. 317 1931 Pisces Teleost.

Zelurus C. Hahn Icon. Cimic. t. 6 & explic. t. p. [1] 1826 Rhynch. Heteropt. Geocor.

Zelus J. Fabricius Syst. Rhyng. p. X & 281 1803 Rhynch. Heteropt. Geocor.

Zema [pro *Xema* W. Leach 1819] C. Holbell Naturh. Tidsskr. *v.* 4 p. 367 & 423 1843 Av. Longip.

Zemacies Finlay Tr. N. Zealand Inst. *v.* 56 p. 252 1926 Moll. Gastrop.

Zemba [*Nom. nud.*] (Leach MS.) Ad. White List Crust. Brit. Mus. p. 107 1847 Crust. Is.

Zemelanopsis Finlay Tr. N. Zealand Inst. *v.* 57 p. 380 1927 Moll. Gastrop.

Zemeros J. Boisduval in Boisduval & Guénée Spec. gén. Lép. *v.* 1 explic. t. p. 6 & t. 21 (5 C) 1836 Lep. Riodin.

Zemia [pro *Xema* W. Leach 1819] S. D. W. Analyst. *v.* 3 p. 211 1836 I Av. Longip.

†**Zemiagrammus** Jordan Publ. Stanford Univ. Biol. Sci. *v.* 1 nr. 4 p. 289 1921 Pisces Teleost.

Zemina H. Gory in Laporte & Gory Hist. Iconogr. Col. *v.* 2 Zemina p. 1 1839 Col. Buprest.

Zeminolia Finlay Tr. N. Zealand Inst. *v.* 57 p. 359 1927 Moll. Gastrop.

Zemiocrita E. Meyrick Exot. Microlep. *v.* 4 p. 366 1933 IV Lep. Gelech.

Zemiodes A. Förster Verh. Ver. Rheinlande *v.* 25 (s. 3 *v.* 5) p. 200 1868 Hym. Ichneum.

Zemiophora A. Förster Verh. Ver. Rheinlande *v.* 25 (s. 3 *v.* 5) p. 203 1868 Hym. Ichneum.

Zemiophorus [pro *Zemiophora* A. Förster 1868] C. G. Tomson Opusc. ent. fasc. 19 p. 2000 1894 Hym. Ichneum.

Zemiophron A. Förster Verh. Ver. Rheinlande *v.* 25 (s. 3 *v.* 5) p. 206 1868 Hym Ichneum.

Zemioses F. Pascoe J. Ent. *v.* 1 fasc. 4 p. 394 1862 IV Col. Brenth.

Zemiosus [pro *Zemioses* F. Pascoe 1862] A. Marschall Nomencl. zool. p. 254 1873 Col. Brenth.

Zemiotes A. Förster Verh. Ver. Rheinlande *v.* 19 p. 253 1862 Hym. Bracon.

Zemiotus pro *Zemiotes* A. Förster 1862 | K. Dalla Torre Cat. Hym. *v.* 4 p. 103 & 323 1898 Hym. Bracon.

Zemira *Subg.* ad. *Eburna* J. Lamarck | H. & A. Adams Gen. Moll. *v.* 1 p. 110 1853 Moll. Gastr.

Zemiropsis Thiele Handb. *v.* 1 p. 332 1931 Moll. Gastrop.

Zemistephanus McLearn Tr. R. Soc. Canada 4 *v.* 21 p. 72 1927 Moll.

Zemitrella Finlay Tr. N. Zealand Inst. *v.* 57 p. 431 1927 Moll. Gastrop.

Zemyllita Finlay Tr. N. Zealand Inst. *v.* 57 p. 464 1927 Moll. Lam.

Zemysia Finlay Tr. N. Zealand Inst. *v.* 57 p. 462 1927 Moll. Lam.

Zemysina Finlay Tr. N. Zealand Inst. *v.* 57 p. 462 1927 Moll. Lam.

Zen D. Jordan P. U. S. Mus. *v.* 26 (nr. 1328) p. 694 1903 IV 9 Pisc. Teleost.

Zena F. Pascoe Ann. Mus. Genova *v.* 22 (s. 2 *v.* 2) p. 295 1885 Col. Curc.

[**Zenabus** C. Amyot Ann. Soc. ent. France s. 2 *v.* 3 fasc. 3 p. 404 1845 Rhynch. Heteropt. Geocor.] *non bin.*

Zenadura [pro *Zenaidura* C. L. Bonaparte 1855] H. Bryant P. Boston Soc. *v.* 11 p. 96 1867 Av. Columb.

Zenaeda [pro *Zenaida* C. L. Bonaparte 1838] E. Coues Key N. Amer. B. p. 226 1872 Av. Columb.

Zenaedura [pro *Zenaidura* C. L. Bonaparte 1855] E. Coues Key Nr. Amer. B. p. 226 1872 Av. Columb.

Zenagraphus T. Broun Bull. N. Zealand Inst. *v.* 1 p. 326 1914 Col. Curc.

Zenaida C. L. Bonaparte Comp. List B. p. 41 1838 IV Av. Columb.

Zenaidura C. L. Bonaparte CR. Ac. Sci. *v.* 40 p. 96 1855 I Av. Columb.

Zenaidura [*Nom. nud.*] C. L. Bonaparte Ann. Sci. nat. — Zool. s. 4 *v.* 1 fasc. 3 p. 140 1854 VI Av. Columb.

Zenaïs A. J. B. Robineau-Desvoidy Mém. prés. Ac. France *v.* 2 p. 148 1830 Dipt. Calypt.

Zenarchopterus T. N. Gill P. Ac. Philad. 1863 p. 273 1863 Pisc. Teleost.

Zenarge S. A. Rohwer Ann. nat. Hist. s. 9 *v.* 2 (nr. 11) p. 435 1918 XI Hym. Tenthred.

†**Zenaspis** *Subg.* ad *Cephalaspis* L. Agassiz | E. R. Lankester in J. Powrie etc. (Pal. Soc. Monogr.) Fish. Old Red Sandst. Brit. fasc. 1 p. 43 1870 I Pisc. Placodermi

Zenatia J. E. Gray Ann. nat. Hist. s. 2 *v.* 11 (nr. 61) p. 43 1853 I Moll. Lam.

†**Zenatiopsis** R. Tate Tr. P. R Soc. S. Austral. *v.* 2 p. 129 1879 Moll. Lam.

Zeneida [pro *Zenaida* C. L. Bonaparte 1838] J. Tschudi Fauna Peru. — Orn. p. 45 1844—46 [1845] Av. Columb.

Zenepos Finlay Tr. N. Zealand Inst. *v.* 59 p. 250 1928 Moll. Gastrop.

Zeneudes F. Pascoe J. Linn. Soc. London — Zool. *v.* 12 (nr. 57) p. 35 1874 II 11 Col. Curc.

Zenia [pro *Xenia* J. Lamarck 1816] J. E. Gray Syn. Brit. Mus. ed. 42 p. 75 1840 Anthoz. Octocorall.

Zenicomus J. Thomson Physis Paris *v.* 2 (fasc. 6) p. 194 1868 X 15 Col. Ceramb.

Zenida P. Mabille Gen. Ins. *v.* (fasc.) 17 c p. 159 1904 Lep. Hesper.

Zenillia A. J. B. Robineau-Desvoidy Mém. prés. Ac. France *v.* 2 p. 152 1830 Dipt. Calypt.

Zenilliana Curran Amer. Mus. Novit. nr. 258 p. 3 1927 Dipt. Tachin.

Zenion Jordan & Evermann Rep. U. S. Fish. Comm. *v.* 21 (1894—95) p. 418 1896 [1897 V] [separ.: 1896 XII] Pisc. Teleost.

Zenis Godman & Salvin Biol. Centr.-Amer. — Zool. Lep. Rhopaloc. *v.* 2 p. 588 1900 XII Lep. Hesper.

Zenithicola M. Spinola Rev. zool. *v.* 4 p. 74 1841 III Col. Cler.

Zenithoptera M. E. Selys Rech. Faune Madag. *v.* 5 nr. 1 p. 16 1869 Odon.

Zenkerella P. Matschie SB. Ges. Fr. Berlin 1898 p. 23 1898 Mam. Rod.

Zenkeria F. Karsch Ent. Nachr. *v.* 21 p. 273 1895 Rhynch. Heteropt. Geocor.

†**Zenkericrinus** Waagen & Jahn in J. Barrande Syst. silur. Bohême — Rech. pal. *v.* 7II p. 102 1899 Echinod. Crin.

Zennia (err. pro *Zeonia* Swainson 1833) Piepers D. ent. Z. Iris *v.* 16 p. 265 1904 III 20 Lep. Riodin.

Zenoa T. Say Boston J. nat. Hist. *v.* 1 p. 153 1835 Col. Rhipidocer.

Zenobia A. Risso Hist. Eur. mérid. *v.* 5 p. 110 1826 Crust. Is.

Zenobia L. Oken Lehrb. Naturg. *v.* 3I p. 681 1815 Lep. Noctuid.

Zenobia [pro *Zebronia* Jac. Hübner 1816[—26]] F. Walker List. Lep. Brit. Mus. *v.* 17 p. 471 1859 Microlep. Pyral.

Zenobia *Subg.* ad *Helix* C. Linné | J. E. Gray London med. Repos. *v.* 15 p. 239 1821 III 1 Moll. Gastr.

Zenobiana pro *Zenobia* A. Risso 1826 | T. Stebbing Ann. nat. Hist. s. 6 *v.* 15 (nr. 85) p. 24 1895 I Crust. Is.

Zenobiella pro *Zenobia* J. E. Gray 1821 | Gude & Woodward P. malac. Soc. London *v.* 14 p. 179 1921 Moll. Gastr.

Zenocentrotus Clark P. U. S. Mus. *v.* 80 nr. 5 p. 5 1931 Echinod.

Zenochloris H. Bates Biol. Centr.-Amer. — Zool. Col. *v.* 5 p. 311 1885 III Col. Ceramb.

Zenocolon T. Broun Bull. N. Zealand Inst. nr. 1 fasc. 5 p. 387 1917 Col. Silph.

Zenodice [pro *Xenodice* A. Boeck 1871] A. Norman Ann. nat. Hist. s. 6 *v.* 15 (nr. 90) p. 493 1895 VI Crust. Amph.

Zenodochium T. Walsingham Ent. monthly Mag. *v.* 44 (s. 2 *v.* 19) p. 52 1908 Microlep. Gelech.

Zenodon [pro *Xenodon* E. Rüppell 1835] W. Swainson Hist. Classif. Fish. *v.* 2 p. 194 & 325 1839 VII Pisc. Teleost.

Zenodon [pro *Xenodon* L. J. Fitzinger 1826] W. Swainson Hist. Classif. Fish. *v.* 2 p. 346 & 451 1839 VII Rept. Oph.

Zenodorus pro *Ephippus* T. Thorell 1881 | G. & E. Peckham Tr. Wisconsin Ac. *v.* 6 p. 268 & 297 1885 Arachn. Aran.

Zenodosus A. B. Wolcott Ent. News Philad. *v.* 21 fasc. 7 p. 321 1910 VII Col. Cler.

Zenodoxus Grote & Robinson Tr. Amer. ent. Soc. *v.* 2 p. 183 1868 Lep. Ses.

Zenoë (pro *Zeanoë* Gray 1852) Leach Moll. Brit. Syn. p. 147 1852 Moll. Gastrop.

Zenoenas [pro *Zonoenas* L. Reichenbach 1852] L. J. Fitzinger SB. Ak. Wien math.-naturw. Cl. *v.* 51I p. 288 1865 Av. Columb.

Zenoida [pro *Zenaida* C. L. Bonaparte 1838] O. Des Murs in J. Chenu Enc. Hist. nat. — Ois. *v.* 6 p. 47 & 49 [1856] Av. Columb.

Zenoidura [*Nom. nud.*] (C. L. Bonaparte) O. DesMurs in J. Chenu Enc. Hist. nat. — Ois. *v.* 6. p. 47 [1854] Av. Columb.

Zenometra A. H. Clark Smithson. Collect. *v.* 50 (quart. Issue *v.* 4) fasc. 3 (nr. 1772) p. 346 & 354 1907 X 29 Echinod. Crin.

Zenomia P. Dognin Hétéroc. nouv. Amér. Sud. *v.* 8 p. 52 1914 V 15 Lep. Noctuid.

Zenonia Evans Tr. ent. Soc. London *v.* 83 fasc. 3 p. 405 1935 XII 20 Lep. Hesper.

Zenonina E. Simon Hist. Araign. ed. 2 *v.* 2 fasc. 2 p. 363 1898 VI 30 Arachn. Aran.

Zenopeltis [pro *Xenopeltis* L. J. Fitzinger 1826] W. Swainson Hist. Classif. Fish. *v.* 2 p. 346 & 365 & 451 1839 Rept. Oph.

Zenophasia W. Swainson An. Menag. p. 351 1837 XII Av. Passer.

Zenophleps G. Hulst Tr. Amer. ent. Soc. *v.* 23 p. 255 & 280 1896 Lep. Geometr.

Zenoporopterus A. Lea Tr. P. R. Soc. S. Austral. *v.* 36 p. 135 1912 XII Col. Curc.

Zenoporoterus [pro *Zenoporopterus* A. Lea 1912] W. Sclater Zool. Rec. *v.* 61 (1924) Ins. p. 164 & Index p. 16 1925 Col. Curc.

Zenops [pro *Xenops* J. K. Illiger 1811] W. Swainson Hist. Classif. B. *v.* 1 p. 70 & 136 1836 X Av. Passer.

Zenopsis T. N. Gill P. Ac. Philad. 1862 p. 126 1862 Pisc. Teleost.

Zenoria É. Mulsant Ann. Soc. Agric. Lyon s. 2 *v.* 2 p. 898 [separ.: Spec. Col. Sécuripalp. 1851] 1850 Col. Coccin.

Zenoteratus Broun Tr. N. Zealand Inst. *v.* 41 p. 161 1908 Col. Curcul.

Zenzera [pro *Zeuzera* 1804] P. Latreille Hist. Crust. Ins. *v.* 14 p. 175 An XIII [1805] Lep. Cossid.

Zeocephus [pro *Xeocephus* C. L. Bonaparte 1854] R. B. Sharpe Cat. B. Brit. Mus. *v.* 4 p. 342 1879 Av. Passer.

Zeodera F. Laporte-Castelnau Tr. R. Soc. Victoria *v.* 8 p. 200 1868 Col. Carab.

Zeodrius F. Laporte-Castelnau P. Linn. Soc. N. S. Wales *v.* 3 fasc. 4 p. 377 1879 V Pisc. Teleost.

†**Zeolia** *Subg.* ad *Helix* C. Linné | A. Gregorio Fauna S. Giov. Ilarione fasc. 1 p. 6 1880 Moll. Gastr.

Zeonia W. Swainson Zool. Ill. s. 2 *v.* 3 p. 111 1833 Lep. Riodin.

Zeopoecilus *Subg.* ad. *Pterostichus* F. A. Bonelli | D. Sharp Tr. R. Dublin Soc. s. 2 *v.* 3 fasc. 11 p. 366 1886 Col. Carab.

Zeopus F. Pascoe J. Linn. Soc. London — Zool. *v.* 11 (nr. 54) p. 460 1872 X 29 Col. Curc.

Zepasa W. Distant Ann. nat. Hist. s. 7 *v.* 18 (nr. 105) p. 191 1906 IX Rhynch. Homopt. Fulg.

Zepedanulus Roewer Abh. Ver. Bremen *v.* 26 p. 336 1927 Arachn. Opil.

Zephiantha F. Pascoe J. Linn. Soc. London — Zool. *v.* 12 (nr. 57) p. 33 1874 II 11 Col. Curc.

Zephirina [pro *Zephrina* J. E. Gray 1847] F. Paetel Fam. Gatt. Moll. p. 229 1875 Moll. Gastr.

Zephos Finlay Tr. N. Zealand Inst. *v.* 56 p. 239 1926 Moll. Gastrop.

Zephrina [pro *Zephyrina* J. A. Quatrefages 1844] J. E. Gray P. zool. Soc. London *v.* 15 p. 167 1847 Moll. Gastr.

Zephronia G. Gray in Griffith-Cuvier An. Kingdom *v.* 14 t. 135 f. 5—5c & *v.* 15 p. 796 1832 Myriop. Diplop.

Zephroniodesmus R. Pocock J. Linn. Soc. London — Zool. *v.* 24 (nr. 157) p. 476 1894 VII 10 Myriop. Diplop.

Zephryne F. Pascoe J. Linn. Soc. London — Zool. *v.* 10 (nr. 40) p. 471 1870 V 20 Col. Curc.

Zephyrina J. A. Quatrefages Ann. Sci. nat. — Zool. s. 3 *v.* 1 p. 130 1844 Moll. Gastr.

Zephyrinus [? pro *Zephyrina* J. A. Quatrefages 1844] S. Scudder Nomencl. zool. — suppl. L. p. 356 1882 Moll. Gastr.

Zephyritis Mulsant & J. & É. Verreaux Mém. Soc. Cherbourg *v.* 12 (s. 2 *v.* 2) p. 231 1866 Av. Cypselom.

Zephyrius [pro *Zephyrus* J. Dalman 1816] G. J. Billberg Enum. Ins. p. 80 1820 Lep. Lycaen.

Zephyrnia [pro *Zephyrin a* J. A. Quatrefages 1844] L. Agassiz Nomencl. zool. — Moll. p. 98 1846 Moll. Gastr.

Zephyrus J. Dalman Svenska Ak. Handl. *v.* 37 p. 56 & 62 1816 Lep. Lycaen.

Zeppelina pro *Monostylos* F. Vejdovsky 1884 | L. Vaillant in Quatrefages (Vaillant) Hist. nat. Annel. *v.* 3 fasc. 2 p. 454 1890 Verm. Polych.

Zeppelinia [pro *Zeppelina* L. Vaillant 1889] F. Monticelli Arch. Zool. Napoli *v.* 4 p. 430 1910 Verm. Polych.

Zeradina Finlay Tr. N. Zealand Inst. *v.* 57 p. 376 1927 Moll. Gastrop.

Zerafia E. Strand Arch. Naturg. *v.* 80A (1914) nr. 10 p. 102 1915 V Lep. Bombyc.

Zeraglaux [pro *Hieracoglaux* 1848] J. Kaup in W. Jardine Contr. Orn. 1851 p. 122 & 130 1851 Av. Rapt.

Zerax [pro *Ierax* N. Vigors 1824] J. Kaup in W. Jardine Contr. Orn. 1851 p. 125 1851 Av. Rapt.

Zerbina F. Karsch Arch. Naturg. *v.* 46I p. 233 1880 Arachn. Solif.

Zercon C. L. Koch in Panzer Deutschl. Ins.-Fauna Hft. 137 t. 15 1836 Arachn. Acar. Gamas. s. lat.

Zercoseius *Subg.* ad *Lasioseius* Ant. Berlese Redia *v.* 12 fasc. 1/2 p. 43 1917 IV 25 Arachn. Acar.

Zercosporidium Thor Z. Paras.-Kunde *v.* 2 p. 557 1930 Protozoa?

Zerena [pro *Zerene* F. Treitschke 1825] F. É. Guérin-Méneville in A. Delessert Souv. Voy. Inde p. 96 1843 Lep. Geometr.

Zerene F. Treitschke in Ochsenheimer (Treitschke) Schmett. Eur. *v.* 5II p. 444 1825 Lep. Geometr.

Zerene Jac. Hübner Verz. Schmett. p. 97 1816 (—26) Lep. Pierid.

Zerenopsis C. Felder in Felder & Rogenhofer Reise Novara—Zool. *v.* 2II (Lep.) t. 100 f. 19 & explic. t. (75—107) p. 10 1868 resp. 1875 Lep. Geometr.

Zerenopsis W. Warren N. zool. *v.* 1 fasc. 2 p. 422 1894 IV Lep. Geometr.

Zeria E. Simon Ann. Soc. ent. France s. 5 *v.* 9 fasc. 1 p. 94 & fasc. 2 p. 118 1879 VI 25 resp. VIII 27 Arachn. Solif.

Zeriassa R. Pocock Ann. nat. Hist. s. 6 *v.* 20 (nr. 117) p. 255 1897 IX Arachn. Solif.

Zeridoneus H. Barber J. N. York ent. Soc. *v.* 26 fasc. 1 p. 45 1918 III Rhynch. Heteropt. Geocor.

Zerinthia pro *Usia* P. Latreille [1802] | C. Rafinesque Anal. Nat. p. 130 1815 Dipt. Bombyl.

Zerinthia pro *Zerynthia* Jac. Hübner [1822—26] | W. [C.] Sodoffsky Bull. Soc. Moscou *v.* 10 nr. 6 p. 82 & 96 [separ.: Etymol. Unters. p. 9 & 23] & nr. 7 p. 120 1837 Lep. Papil.

Zeritis J. Boisduval in Boisduval & Guénée Spec. gen. Lép. *v.* 1 explic. t. p. 6 & t. 22 (6 C) 1836 Lep. Lycaen.

Zerliana [pro *Zierliana* J. E. Gray 1847] A. Marschall Nomencl. zool. p. 145 1873 Moll. Gastr.

Zermizinga F. Walker List Lep. Birt. Mus. *v.* 26 p. 1530 1862 Lep. Geometr.

Zernyia Prout N. zool. *v.* 35 p. 146 1929 IX Lep. Geometr.

Zerotula Finlay Tr. N. Zealand Inst. *v.* 57 p. 379 1927 Moll. Gastrop.

Zerynthia F. Ochsenheimer in Ochsenheimer (Treitschke) Schmett. Eur. *v.* 4 p. 29 1816 Lep. Papil.

Zerynthia Jac. Hübner Exot. Schmett. *v.* 2 t. ogina (60) [1822—26] Lep. Morph.

Zerynthia J. Curtis Brit. Ent. *v.* 7 (fasc. 74) explic. t. 296 1830 II Lep. Geometr.

Zerythis H. D. Wallengren Svenska Ak. Handl. s. 2 *v.* 2 nr. 4 p. 46 1857 Lep. Lycaen.

Zerythis [pro *Zeritis* J. Boisduval 1836] É. Blanchard Hist. An. artic. — Ins. *v.* 3 p. 463 1840 Lep. Lycaen.

Zerzoumia F. Lataste Naturaliste *v.* 1 (Année 2) fasc. 38 p. 299 1880 X 15 Rept. Lac.

Zesius Jac. Hübner Verz. Schmett. p. 77 1816[—26] Lep. Lycaen.

Zesticelus Jordan & Evermann Rep. U. S. Fish. Comm. *v.* 21 (1894—95) p. 443 1896 [1897 V] [separ.: 1896 XII] Pisc. Teleost.

Zestichthys Jordan & Hubbs Mem. Carnegie Mus. *v.* 10 p. 321 1925 Pisces Teleost.

Zesticodes E. Meyrick Ann. Transvaal Mus. *v.* 6 fasc. 2 p. 46 1818 VIII 31 Microlep. Tineid.

Zestidium *Subg.* ad *Stellifer* [L. Oken] | C. H. Gilbert in Jordan & Evermann Bull. U. S. Mus. nr. 47 *v.* 2 p. 1439 & 1442 1898 X 3 Pisc. Teleost.

Zestis *Subg.* ad *Stellifer* [L. Oken] | C. H. Gilbert in Jordan & Evermann Bull. U. S. Mus. nr. 47 *v.* 2 p. 1439 & 1440 1898 X 3 Pisc. Teleost.

Zestocormus P. Cameron Tr. N. Zealand Inst. *v.* 33 p. 118 1900 Hym. Ichneum.

Zestusa (pro *Plestia* Mabile 1888) A. W. Lindsey Ann. ent. Soc. Amer. *v.* 18 fasc. 1 p. 106 1925 III Lep. Hesper.

Zeta *(Divis.)* ad *Eumenes* P. Latreille | H. Saussure Etud. Vesp. *v.* 3 p. 132 1854—56 Hym. Vesp.

Zetaraia Jordan Copeia nr. 142 p. 38 1925 Pisces Selach.

Zetekia W. Dall P. U. S. Mus. *v.* 54 (nr. 2238) p. 320 1918 IV 5 Moll. Gastr.

Zetekomyia Curran Fam. & Gen. N. Am. Dipt. p. 275 & 281 1934 Dipt. Otitidae

Zetela Finlay Tr. N. Zealand Inst. *v.* 57 p. 359 1927 Moll. Gastrop.

Zeteles [pro *Zetetes* A. Förster 1862] V. Szépligeti Gen. Ins. *v.* (fasc.) 22 p. 251 1904 Hym. Bracon.

Zeteolyga pro *Miselia* F. Ochsenheimer [1816] | G. J. Billberg Enum. Ins. p. 87 1820 Lep. Noctuid.

Zeteotomus *Subg.* ad *Leptacinus* W. F. Erichson | C. Jacquelin Gen. Col. Eur. *v.* 2 p. 33 1857 Col. Staphyl.

Zetes C. L. Koch C. M. A. *v.* 2 nr. 14 1835 Arachn. Acar. Oribat.

Zetes H. N. Kröyer Naturh. Tidsskr. s. 2. *v.* 1 fasc. 2 p. 92 nota & 116 1844 Pantop.

Zetesima A. Förster Verh. Ver. Rheinlande *v.* 33 p. 25 1876 Hym. Ichneum.

Zetesima T. Walsingham Biol. Centr.-Amer. — Zool. Lep. Heteroc. *v.* 4 p. 157 1912 V Microlep. Gelech.

Zetetes A. Förster Verh. Ver. Rheinlande *v.* 19 p. 258 1862 Hym. Bracon.

Zetetes Cabanis & Heine Mus. Hein. *v.* 2 p. 87 1859—60 [1860] Av. Passer.

Zeteticontus Silvestri Boll. Laborat. Zool. Portici *v.* 9 p. 343 1915 III 30 Hym. Chalc.

Zeteticus E. Harold Col. Hefte *v.* 14 p. 213 1875 Col. Chrysomel.

Zeteumenes A. Bertoni Revista Soc. Paraguay *v.* 1. fasc 1 p. 11 1921 VI Hym. Vesp.

Zeteus *[Nom. nud.]* C. Rafinesque Anal. Nat. p. 100 1815 Crust. — ? Cop.

Zetha R. Shelford Miss. Arc. Mérid. *v.* 10 (Ent.) fasc. 1 p. 59 1913 Orthopt. Blatt. teste Zool. Rec. *v.* 50 (1913) Ins. p. 461 1915

Zethalia (pro *Ethaliopsis* Cossmann 1918) Finlay Tr. N. Zealand Inst. *v.* 57 p. 369 1927 Moll. Gastrop.

Zethenia V. Motschulsky Étud. ent. Motschulsky *v.* 9 p. 34 1860 Lep. Geometr.

Zethera (J. Boisduval MS.) C. Felder N. Acta Ac. Leop. *v.* 28III p. 26 1861 Lep. Satyr.

Zethes J. Rambur Ann. Soc. ent. France *v.* 2 p. 29 1833 Lep. Noctuid.

Zethesides G. F. Hampson Descr. n. gen. sp. Noct. p. 594 1926 IV 24 Lep. Noct.

Zetheumenidion Bequaert Ann. S. Afr. Mus. *v.* 23 pt. III p. 487 1926 X Hym. Vespidae

Zetheus F. Pascoe J. Linn. Soc. London — Zool. *v.* 12 (nr. 57) p. 69 1874 II 11 Col. Curc.

Zethinus A. Raffray Mém. Soc. ent. Belgique *v.* 15 p. 7 1908 Col. Pselaph.

Zethoides P. Cameron Tr. Amer. ent. Soc. *v.* 30 fasc. 1 p. 93 1904 III Hym. Vesp. Masarid.

Zethoides W. J. Fox P. Ac. Philad. 1899 fasc. 3 p. 436 1899 XI 9 Hym. Vesp. Eumenid.

Zethopsus pro *Zethus* L. Schaufuss 1872 | E. Reitter Ent. Monbl. *v.* 2 p. 85 1880 Col. Pselaph.

†**Zethus** C. Pander Beitr. Geogn. Russ. p. 139 & 159 1830 Crust. Tril.

Zethus J. Fabricius Syst. Piez. p. XII & 282 1804 Hym. Vesp.

Zethus L. Schaufuss Nunquam ot. *v.* 2 p. 246 1872 Col. Pselaph.

Zethusculus *(Divis.)* ad *Zethus* J. Fabricius | H. Saussure Étud. Vesp. *v.* 3 p. 118 1854—1856 Hym. Vesp.

Zetides Jac. Hübner Verz. Schmett. p. 85 1816[—26] Lep. Papil.

Zetis O. Thomas J. Bombay Soc. *v.* 18 fasc. 2. p 245 1908 IV 13 Mam. Rod.

Zetisima [pro *Zetesima* A. Förster 1876] W. H. Ashmead P. U. S. Mus. *v.* 23 (nr. 1206) p. 26 & 190 1900 X 13 Hym. Ichneum.

Zetobora C. H. Burmeister Handb. Ent. *v.* 2II nr. 1 [fasc.2] p. 482 & 509 1838 Orthopt. Blatt.

Zetoborella M. Hebard P. Ac. Philad. *v.* 73 fasc. 2 p. 210 1921 XII 9 Orthopt. Blatt.

†Zetodon E. Cope Amer. Natural. *v.* 17 p. 968 1883 IX Mam. Ungul.

Zetomotrichus Grandjean Bull. Soc. Alger *v.* 25 p. 242 & 247 1934 Arachn. Acari.

Zetophloeus J. Lacordaire Gen. Col. *v.* 7 p. 460 1866 Col Brenth.

Zetorchella Ant. Berlese Redia *v.* 12 fasc. 1 p. 63 1917 [separ.: 1916 VIII 23] Arachn. Acar.

Zetorchestes pro *Leptorchistis* Canestrini & Berlese 1885 | Ant. Berlese A. M. S. fasc. 49 nr. 7 1888 Arachn. Acar. Oribat.

Zetterstedtia A. J. B. Robineau Desvoidy Hist. Dipt. *v.* 1 p. 1024 1863 Dipt. Calypt.

Zetterstedtia C. Rondani N. Ann. Bologna s. 2 *v.* 2 p. 452 1844 [1845I] Dipt. Syrph.

Zettienia [pro *Zethenia* V. Motschulsky 1860] S. Scudder Nomencl. zool. — suppl. L. p. 356 1882 Lep. Geometr.

Zetzellia Oudemans Ent. Ber. Nederl. Ver. *v.* 7 p. 263 XI 1 1927 Arachn. Acari

Zeuctocleora Prout N. zool. *v.* 35 p. 72 1929 I Lep. Geometr.

Zeuctoboarmia L. Prout N. zool. *v.* 22 fasc. 2 p. 358 1915 VI 30 Lep. Geometr.

Zeuctodesmus R. Pocock Biol. Centr.-Amer. — Zool. Chilop. & Diplop. p. 171 & 185 1909 XII Myriop. Diplop.

Zeuctoneura W. Warren N. zool. *v.* 2 fasc. 2 p. 100 1895 VI Lep. Geometr.

Zeuctophlebia W. Warren N. zool. *v.* 3 fasc. 4 p. 355 1896 XII Lep. Geometr.

Zeuctostyla W. Warren N. zool. *v.* 11 fasc. 1 p. 105 1904 III 25 Lep. Geometr.

†Zeugaster *Subg.* ad *Brissopsis* L. Agassiz | J. Lambert Mém. Soc. géol. France — Pal. *v.* 14 nr. 2/3 p. 106 1906 [1907] Echinod. Ech.

Zeugenia F. Pascoe J. Linn. Soc. London — Zool. *v.* 11 (nr. 51) p. 197 1871 VI 8 Col. Curc.

†Zeuglodon pro *Basilosaurus* R. Harlan 1834 | R. Owen P. geol. Soc. London *v.* 3 p. 28 [1839] Mam. Cet.

†Zeuglopleurus J. Gregory Ann. nat. Hist. s. 6 *v.* 3 (nr. 18) p. 490 1889 VI Echinod. Ech.

Zeuglopora C. Maplestone Rec. Austral. Mus. *v.* 7 fasc. 4 p. 272 1909 VIII 30 Bryoz. Ectopr.

†Zeugloporus (err. pro *Zeuglopleurus* Gregory 1889) Lambert & Thiéry Ess. nom. rais. Echin. *v.* 9 p. 604 1925 Echinod.

Zeugma E. T. Cresson Ent. News Philad. *v.* 19 fasc. 3 p. 95 1908 III Dipt. Acalypt. Ortalid.

Zeugma F. Walker List Lep. Brit. Mus. *v.* 26 p. 1622 1862 Lep. Geometr.

Zeugma *Subg.* ad *Derbe* J. Fabricius | J. O. Westwood P. Linn. Soc. London *v.* 1 (1838 XI—1848 VI) nr. 10 p. 84 1841 IV 6 Rhynch. Homopt. Fulg.

†Zeugmatolepas Withers P. zool. Soc. London 1913 p. 938 Crust. Cirrip.

Zeugmatothripoides Bagnall Bull. ent. Res. *v.* 20 p. 71 1929 Thysanopt. Tubulif.

Zeugmatothrips Priesner Zool. Jahrb. *v.* 50 nr. 3 p. 313 1925 VIII 7 Thysanopt. Tubulif.

Zeugnomyia G. F. Leicester Stud. Inst. med. Res. Malay Stat. *v.* 3 III p. 231 1908 Dipt. Cul.

Zeugodacus Hendel in Lindner Fliegen palaearkt. Reg. Lfg. 16 p. 25 & 26 1927 Dipt. Trypet.

Zeugominettia Hendel Konowia *v.* 11 p. 103 1932 Dipt. Lauxan.

Zeugonephila *Subg.* ad *Nephila* W. Leach | F. Dahl Zool. Anz. *v.* 37 fasc. 14/15 p. 276 1911 III 28 Arachn. Aran.

Zeugonota F. Spaeth Arch. Naturg. *v.* 79A nr. 6 p. 128 1913 IX Col. Chrysomel.

Zeugonyx H. Notman J. N. York ent. Soc. *v.* 30 fasc. 3 p. 128 1922 XI 8 Col. Curc.

Zeugophora G. Kunze N. Schr. Ges. Halle *v.* 2 nr. 4 p. 71 1818 Col. Chrysomel.

Zeugopterus *Subg.* ad *Pleuronectes* C. Linné | C. Gottsche Arch. Naturg. *v.* 1 II p. 134 & 178 1835 Pisc. Teleost.

Zeugorchis J. Stafford [non W. Nicoll] Zool. Anz. *v.* 28 fasc. 21/22 p. 692 1905 IV 11 Verm. Trem.

Zeugorchis W. Nicoll [non J. Stafford] Ann. nat. Hist. s. 7 *v.* 17 (nr. 102) p. 514 & 519 1906 VI Verm. Trem.

Zeugorygma G. Marshall P. zool. Soc. London 1906 fasc. 4 p. 911 & 923 1907 IV 11 Col. Curc.

Zeugotaenia V. Moltschulsky in L. Schrenck Reis. Amur-L. *v.* 2 fasc. 2 p. 206 1860 XII Col. Chrysomel.

Zeunasa W. Distant Ann. nat. Hist. s. 7 *v.* 18 (nr. 105) p. 200 1906 IX Rhynch. Homopt. Fulg.

Zeuneria F. Karsch Berlin. ent. Z. *v.* 32 (1888) fasc. 2 p. 424 & 443 1889 II Orthopt. Loc.

Zeunidia (pro *Zeuxidia* Hübner 1826) Evans J. Bombay Soc. *v.* 29 fasc. 3 p. 797 1923 XI 31 Lep. Amathus.

Zeus C. Linné Syst. Nat. ed. 10 fasc. 1 p. 242 & 266 1758 Pisc. Teleost.

Zeuxaltis *Subg.* ad. *Zeuxidia* Jac. Hübner | A. G. Butler Ann. nat. Hist. s. 6 *v.* 19 (nr. 112) p. 470 1897 IV Lep. Amathus.

Zeuxamathusia *Subg.* ad. *Amathusia* J. Fabricius | O. Staudinger in Staudinger & Schatz Exot. Schmett. *v.* 1I p. 188 1887 Lep. Amathus.

Zeuxevania J. J. Kieffer Gen. Ins. *v.* (fasc.) 2 p. 4 1902 Hym. Evan.

Zeuxia J. W. Meigen Syst. Beschr. zweifl. Ins. *v.* 5 p. 8 1826 Dipt. Calypt.

Zeuxidea [pro *Zeuxidia* Jac. Hübner [1820—26]] W. Distant Rhop. Malay. fasc. 5 p. 425 1886 Lep. Amathus.

Zeuxidia Jac. Hübner Exot. Schmett. *v.* 2 t. luxerii [57] [1820—26] Lep. Amathus.

Zeuxidiplosis J. J. Kieffer Ann. Soc. sci. Bruxelles *v.* 28 p. 349 1904 Dipt. Cecidom.

Zeuxippa G. Herrich-Schäffer Außereur. Schmett. *v.* 1 p. 7 1850—58 [—56] Lep. Zygaen.

Zeuxippus T. Thorell Svenska Ak. Handl. n. s. *v.* 24 (II) nr. 10 p. 109 1891 Arachn. Aran.

Zeuxis *Subg.* ad *Nassa* J. Lamarck | H. & A. Adams Gen. Moll. *v.* 1 p. 119 1853 Moll. Gastr.

Zeuxo pro *Bonellia* L. Rolando [1821] | J. Gistel Naturg. Thierr. p. 175 1848 Verm. Echiur.

Zeuxo R. Kossmann Verh. Ges. Würzburg n. s. *v.* 3 p. 332 t. 18 f. 9—12 1872 [= Arb. Inst. Würzburg *v.* 1 p. 133 t. 7 f. 9—12 1874] Crust. Is.

Zeuxo R. Templeton Tr. ent. Soc. London *v.* 2 fasc. 4 p. 203 1840 XI Crust. Amph.

Zeuxokoma (pro *Zeuxo* Kossmann 1873) Kossmann teste Zimmer in Kükenthal & Krumbach Hdb. Zool. *v.* 3/1 p. 763 1927 Crust. Isop.

Zeuxomma pro *Zyxomma* J. Rambur 1842 | L. Agassiz Nomencl. zool. — Index. p. 392 & 393 1846 Odon.

Zeuxonia *[Nom. nud.]* C. Rafinesque Anal. Nat. p. 141 1815 Moll. Gastr.

Zeuzera P. Latreille N. Dict. *v.* 24 Tabl. méth. p. 186 1804 Lep. Cossid.

Zeuzerodes *Subg.* ad *Siculodes* G. Herrich-Schäffer | A. Pagenstecher D. ent. Z. Lep. *v.* 5 fasc. 1 p. 80 1892 VI Thyrid.

Zeuzeropecten M. Gaede in Seitz Grossschmett. Erde *v.* 14 p. 547 1929 XI 14 Lep. Cossid.

Zeuzerops E. Strand Berlin. ent. Z. *v.* 55 fasc. 1/2 p. 143 1910 IX Lep. Cossid.

Zeuzidia [pro *Zeuxidia* Jac. Hübner 1820—26] W. Distant Rhop. Malay. fasc. 1 p. 69 1882 Lep. Amathus.

Zeuzis (err. pro *Zeuxis* Adams 1853) Ayres Cat. Conch. exot. Mus. Coimbra *v.* 1 p. 76 1916 Moll. Gastrop.

Zeuzophora [pro *Euzophera* P. Zeller 1867] R. Lucas Arch. Naturg. *v.* 65II nr. 2 fasc. 2 p. 704 1902 IX Microlep. Pyral.

Zev (pro *Cirrhoscyllium* Smith 1913) Whitley Rec. Austral. Mus. *v.* 15 p. 289 1927 Pisces Selach.

Zewa McCulloch Rec. Austral. Mus. *v.* 9 p. 332 1913 Crust. Dec. Brach.

Zexilia Allan Tr. N. Zealand Inst. *v.* 57 p. 291 1927 *(nom. nud.)*; Finlay l. c. p. 506 1927 Moll. Gastrop.

Zezea (pro *Triaena* Leconte 1847) Csiki Col. Cat. *v.* 104 pars 2 p. 402 1929 Col. Carab.

Zezera Jordan & Fowler P. U. S. Mus. *v.* 26 (nr. 1334) p. 837 1903 VII 6 Pisc. Teleost.

Zeszneria Siemiradzki Rozpr. i. Wiad. Mus. Dzied. nr. 5/6 p. 172 1922 Brachiop.

Zia C. L. Koch C. M. A. *v.* 34 nr. 1 & 21—23 1841 Crust. Is.

Zia F. Walker List. Lep. Brit. Mus. *v.* 27 p. 109 1863 Lep. Nolid.

Ziaelas L. Fairmaire Ann. Soc. ent. France *v.* 61 Bull. p. CX 1892 Col. Tenebr.

Ziba *Subg.* ad *Turricula* J. Herrmann | H. & A. Adams Gen. Moll. *v.* 1 p. 179 1853 Moll. Gastr.

Zibellina J. Kaup Entwickgesch. p. 34 1829 Mam. Carn.

Zibetha L. Oken Lehrb. Naturg. *v.* 3II p. XI & 1007 1816 Mam. Carn.

Zibethailurus *Subg.* ad *Felis* C. Linné | N. Sewertzow Rev. Mag. Zool. s. 2 *v.* 10 p. 387 1858 IX Mam. Carn.

Zibia [pro *Ziba* H. & A. Adams 1853] F. Paetel Fam. Gatt. Moll. p. 229 1875 Moll. Gastr.

Ziboetes [pro *Zipaetis* W. C. Hewitson 1863] J. Wood-Mason J. Asiat. Soc. Bengal *v.* 50II p. 86 1881 Lep. Satyr.

Zibus F. Saulcy Bull. Soc. Metz *v.* 13 p. 40 bis 1874 Col. Pselaph.

Zicca Amyot & Serville Hist. Hém. p. 240 1843 Rhynch. Heteropt. Geocor.

Zichya I. Bolivar in E. Zichy Dritte Asiat. Forschr. *v.* 2 p. 236 & 238 1901 Orthopt. Loc.

Zicrona Amyot & Serville Hist. Hém. p. 86 1843 Rhynch. Heteropt. Geocor.

Zidalus *Subg.* ad *Opatrinus* P. Dejean | Mulsant & Rey Mém. Ac. Lyon n. s. *v.* 2 p. 296 1852 Col. Tenebr.

Zidona H. & A. Adams Gen. Moll. *v.* 1 p. 161 1853 Moll. Gastr.

Zidora pro *Zeidora* A. Adams 1860 | P. H. Fischer Man. Conch. p. 861 1885 VIII 31 Moll. Gastr.

Zidoreus *[Nom. nud.]* C. Rafinesque Anal. Nat. p. 131 1815 Dipt. Syrph.

Ziehenia (pro *Leptocera* Kröber 1928) Kröber D. ent. Z. 1928 p. 434 Dipt. Therev.

Ziemannia Enderlein D. ent. Z. 1923 p. 544 Dipt. Taban.

Zienkowiczikytodermogammarus Dybowski Bull. Ac. Cracovie (B) 1926 p. 62 Crust. Amphipoda

Zierliana J. E. Gray P. zool. Soc. London *v.* 15 p. 141 1847 Moll. Gastr.

Ziervogelia pro *Zierliana* J. E. Gray 1847 | P. H. Fischer Man. Conch. p. 613 1884 VI 30 Moll. Gastr.

Zietzia T. Blackburn Tr. P. R. Soc. S. Austral. *v.* 18 p. 205 1894 XI Col. Scarab. Melol.

Zigera F. Walker J. Linn. Soc. London — Zool. *v.* 6 (nr. 24) p. 182 1862 XI 1 Lep. Noctuid.

Zigira F. Walker List Lep. Brit. Mus. *v.* 31 p. 152 1864 Lep. Noctuid.

Zigodactyla [pro *Zygodactyla* J. F. Brandt 1835] E. Metschnikoff Imp. Obschtsch. Moskwa *v.* 8I (Protok.) p. 354 1870 Hydroz. Hydroid.

Zigoneura [pro *Zygoneura* J. W. Meigen 1830] C. Rondani Dipt. Ital. Prodr. *v.* 1 p. 198 1856 Dipt. Sciar.

†**Zigopleura** (pro *Zygopleura* Wöhrmann & Kocken 1892) G. Frédérix Mem. com. géol. Pétersbourg n. s. livr. 109 p. 19 1915 Moll. Gastrop.

Zigwadesmus R. Chamberlin Bull. Mus. Harvard *v.* 62 p. 244 1918 Myriop. Diplop.

†**Zigzagiceras** S. Buckman Emend. Ammon. Nomencl. p. 7 1902 Moll. Ceph.

†**Zigzagoceras** pro *Zigzagiceras* S. Buckman 1902 | M. Cossmann Rev. crit. Paléozool. *v.* 7 p. 241 1903 Moll. Ceph.

Zikadesmus Chamberlin Bull. Amer. Mus. *v.* 57 p. 247 1927 Myriop. Diplop.

Zikanella M. Hering D. ent. Z. Iris *v.* 46 p. 154 1932 XII 17 Lep. Zygaen.

Zikania Borgmeier Ent. Mt. *v.* 14 p. 238 1925 Dipt. Phoridae

Zikanyrops W. Hopp D. ent. Z. Iris *v.* 42 p. 286 1928 IX 25 Lep. Limacod.

Zilephus E. Simon Ergeb. Hamburg. Magalh. Sammelr. *v.* 2 fasc. 6 Arachn. p. 22 1902 Arachn. Aran.

Zilla C. L. Koch in G. Panzer (Herrich-Schäffer) Faun. Ins. Germ. fasc. 124 t. 20—22 [1834] Arachn. Aran.

Zilora Mulsant & Rey Hist. Col. France — Barbip. p. 84 1856 Col. Melandr.

Zilotea *[Nom. nud.]* C. Rafinesque Anal. Nat. p. 143 1815 Moll. Gastr.

Zilus É. Mulsant Ann. Soc. Agric. Lyon s. 2 *v.* 2 p. 958 1850 [separ.: Spec. Col. Sécuripalp. 1851] Col. Coccin.

Ziminiola A. Gerasimov D. ent. Z. Iris *v.* 44 p. 72 1930 VI 16 Lep. Gelech.

Zimioma *Subg.* ad *Ostoma* J. Laicharting | M. Gozis Rech. typ. p. 11 1886 Col. Ostom.

Zimirina de Dalmas Ann. Soc. ent. France *v.* 87 p. 325 1919 Arachn.

Zimiris E. Simon Ann. Mus. Genova *v.* 18 p. 239 1882 Arachn. Aran.

Zimironus Banks P. Ac. Philad. *v.* 65 p. 676 1914 Arachn.

Zimmeria Heinrich Mt. Mus. Berlin *v.* 19 p. 159 1933 IX Hym. Ichneum.

Zinapolys R. Chamberlin Canad. Ent. *v.* 44 fasc. 6 p. 174 1912 VI 12 Myriop. Chilop.

Zinara F. Walker Tr. nat. Hist. Soc. Glasgow *v.* 1 p. 343 1873 Lep. Limacod.

Zinaspa L. Nicéville Butt. Ind. Burmah Ceylon *v.* 3 p. 3 & 451 1890 Lep. Lycaen.

Zinatella [pro *Linatella* J. E. Gray 1857] M. Cossmann Paleoconch. nr. 5 p. 87 1903 Moll. Gastr.

Zinckenia P. Zeller Lep. micropt. p. 55 1852 Microlep. Pyral.

Zingel L. Oken Isis 1817 [*v.* 2] (fasc. 8) (nr. 148) p. 1782 [= 1182a] 1817 Pisc. Teleost.

Zingis E. Martens Monber. Ak. Berlin 1878 p. 290 1879 [1878] Moll. Gastr.

Zinipterus (pro *Zonopterus* Hope 1842) Miwa Contr. ent. Lab. Taihoku nr. 32 p. 229 1931 Col. Ceramb.

Zinna F. Walker Charact. undescr. Lep. Heteroc. p. 95 1869 Lep. Noctuid.

Zinneca Amyot & Serville Hist. Hem. p. 579 1843 Rhynch. Homopt. Jass.

[**Zinnevia** C. Amyot Ann. Soc. ent. France s. 2 *v.* 5 p. 212 1847 Rhynch. Homopt. Jass.] *non bin.*

Zinolia Issel Atti Soc. Ligust. n. s. *v.* 1 p. 122 1922 Moll.

Zinophora Chamberlin Bull. Amer. Mus. *v.* 57 p. 211 1927 Myriop. Diplop.

Zioninus *Subg.* ad *Phlepsius* F. X. Fieber | E. D. Ball Ann. ent. Soc. Amer. *v.* 11 fasc. 4 p. 388 1918 XII 1 Rhynch. Homopt. Jass.

Zipaetis W. C. Hewitson Exot. Butt. *v.* 3 (4) t. & explic. t. Hypocista [24] 1863 Lep. Satyr.

Zipangia Heikertinger Col. Rundsch. *v.* 11 p. 39 1924 Col. Haltic.

†**Ziphacodon** O. Marsh Amer. J. Sci. s. 3 *v.* 4 p. 216 1872 VIII 13 Mam. Creod.

Ziphias [pro *Xiphias* C. Linné 1758] J. Fleming Phil. Zool. *v.* 2 p. 395 1822 Pisc. Teleost.

Ziphias [pro *Ziphius* G. Cuvier 1823] J. Wilson Enc. Brit. ed. 8 *v.* 14 p. 231 1857 Mam. Cet.

Ziphila J. E. Gray Hand-List edent. thickskin. Mam. Brit. Mus. p. 22 1873 Mam. Edent.

†**Ziphiodelphis** G. Piaz Atti Acc. Veneto-Trent. s. 2 *v.* 5 p. 114 1908 Mam. Cet.

†**Ziphioides** J. Probst Jahresh. Ver. Württemb. *v.* 42 p. 109 1886 Mam. Cet.

†**Ziphiola** Broeck & Miller Ann. Soc. malac. Belgique *v.* 9 Mem. fasc. 2 p. 146 1874 Mam. Cet.

†**Ziphiopsis** B. DuBus Bull. Ac. Belgique s. 2 *v.* 25 p. 628 1868 Mam. Cet.

Ziphiorhynchus [pro *Ziphiorrhynchus* C. H. Burmeister 1865] P. Beneden Bull. Ac. Belgique s. 2 *v.* 25 p. 96 1868 Mam. Cet.

Ziphiorrhynchus C. H. Burmeister Revista farm. Buenos Aires *v.*... p.... 1865 X Mam. Cet. teste P. Beneden Bull. Ac. Belgique s. 2 *v.* 25 p. 96 1868

†**Ziphirostris** [pro *Ziphirostrum* T. H. Huxley 1864] P. Beneden Bull. Ac. Belgique s. 2. *v* 25 p. 114 1868 Mam. Cet.

†**Ziphirostrum** *[Nom. nud.]* van Beneden Quart. J. geol. Soc. *v.* 20I p. 396 1864 Mam. Cet.

Ziphius G. Cuvier Rech. Ossem. foss. n. ed. [ed. 2] *v.* 5I p. 352 1823 XII Mam. Cet.

Ziphorhynchus [pro *Xiphorhynchus* W. Swainson 1827] G. R. Gray List Gen. B. p. 18 1840 Av. Passer.

Ziphorynchus [pro *Xiphorhynchus* 1827] W. Swainson Hist. Classif. B. *v.* 2 p. 313 1837 VII Av. Passer.

Ziphotheca G. Montagu Mem. Werner Soc. *v.* 1 (1808—1810) p. 81 t. 2 1811 Pisc. Teleost.

Zipoetes (pro *Zipaetis* Hewitson 1863) G. F. L. Marshall & L. de Nicéville Butt. India *v.* 1 p. 248 1883 VIII Lep. Satyr.

Zipoetes L. Fairmaire Ann. Soc. ent. France *v.* 66 fasc. 1 p. 154 1897 XII 31 Col. Ceramb.

Zipotheca [pro *Ziphotheca* G. Montagu 1811] F. Day Fish. Brit. nr. 3 p. 156 1881 Pisc. Teleost.

Zippora (Leach MS.) J. E. Gray Ann. nat. Hist. *v.* 20 (nr. 133) p. 270 1847 X Moll. Gastr.

Zipyge Chamberlin P. biol. Soc. Washington *v.* 38 p. 40 1925 Myriop. Diplop.

Zirene pro *Zerene* F. Treitschke 1825 | R. Unger Arch. Ver. Mecklenb. *v.* 10 p. 61 1856 Lep. Geometr.

Zirfaea J. E. Gray Syn. Brit. Mus. ed. 44 p. 76 1842 Moll. Lam.

Zirfaea [*Nom. nud.*] J. E. Gray Syn. Brit. Mus. ed. 42 p. 150 1840 Moll. Lam.

Zirlona Finlay Tr. N. Zealand Inst. *v.* 61 p. 257 1930 Moll. Lam.

Zirichthys [pro *Xyrichlys* G. Cuvier 1814] W. Swainson Hist. Classif. Fish. *v.* 2 p. 172 1839 VII Pisc. Teleost.

Ziridava F. Walker List Lep. Brit. Mus. *v.* 26 p. 1550 1862 Lep. Geometr.

Zirona F. Walker Tr. nat. Hist. Soc. Glasgow *v.* 1 p. 363 1873 Lep. Noctuid.

Zirophora pro *Zeiraphera* F. Treitschke [1829] | L. Agassiz Nomencl. zool. — Index p. 390 1846 Microlep. Tortric.

Zirophorus J. Dalman Svenska Ak. Handl. 1821 fasc. 2 p. 372 1822 Col. Staphyl.

Zirosaris E. Meyrick Tr. N. Zealand Inst. *v.* 42 p. 66 1910 VII Microlep. Gelech.

Zirphaea [pro *Zirfaea* J. E. Gray 1840] W. Leach Moll. Brit. Syn. p. 252 1852 Moll. Lam.

Zirta C. Stål Öfv. Ak. Förh. *v.* 16 p. 176 1859 Rhynch. Heteropt. Geocor.

Zisius L. Oken Lehrb. Naturg. *v.* 3II p. 151 1816 Pisc. Teleost.

Zisyphomyia Townsend Ins. teste Zool. Rec. *v.* 53 (1916) Index p. 15 1919

Zita Curran Ent. Mt. *v.* 16 p. 350 1927 Dipt. Tachin.

Zitha F. Walker List Lep. Brit. Mus. *v.* 34 p. 1264 1865 Microlep. Pyral.

Zitna F. Walker List Lep. Brit. Mus. *v.* 34 p. 1276 1865 Lep. Noctuid.

Zitsikama L. Péringuey Ann. S. Afr. Mus. *v.* 15 fasc. 5 p. 446 1916 XII 1 Orthopt. Loc.

†**Zittelella** (Ulrich & Everett MS.) S. A. Miller N. Amer. Geol. Pal. p. 167 1889 Porif. Tetrax. Lithist.

†**Zittelia** G. Gemmellaro Giorn. Sci. Palermo *v.* 5 p. 258 1869 Moll. Gastr.

†**Zittelina** Rollier Mém. Soc. pal. Suisse *v.* 44 p. 368 1919 Brachiop.

†**Zittelispongia** I. Sintzow Sapiski Nowoross. Obschtsch. *v.* 6I nr. 1 p. 21 1879 Porif.

†**Zittelloceras** A. Hyatt P. Boston Soc. *v.* 22 p. 284 1884 Moll. Ceph.

†**Zittelospongia** P. Malfatti Palaeontogr. Ital. *v.* 6 p. 288 1901 Porif. Triax.

†**Zittelofungia** P. Duncan J. Linn. Soc. London — Zool. *v.* 18 (nr. 104—105) p. 150 1884 VIII 13 Anthoz. Hexacorall

†**Zittelospongia** pro *Zittellospongia* | P. Malfatti Palaeontogr. Ital. *v.* 6 p. 288 (1900) 1901 Porif. Triax.

†**Zittelspongia** A. Gregorio Corall. Titonici Sicil. p. 2 1882 XII Porif. Tetrax. Lithist.

Zitua F. Walker List Lep. Brit. Mus. *v.* 35 p. 1841 1866 Microlep. Gelech.

Zitzikama [pro *Zitsikama* L. Péringuey 1916] D. Sharp Zool. Rec. *v.* 53 (1916) Ins. p. 262 & Index p. 15 1919 Orthopt. Loc.

Ziza F. Walker List Lep. Brit. Mus. *v.* 27 p. 118 1863 Microlep. Pyral.

Zizeeria T. Chapman Tr. ent. Soc. London 1910 fasc. 4 p. 479 & 480 1910 XII 21 Lep. Lycaen.

Zizera F. Moore Lep. Ceylon *v.* 1 nr. 2 p. 78 (77) 1881 Lep. Lycaen.

Zizina T. Chapman Tr. ent. Soc. London 1910 fasc. 4 p. 482 & 488 1910 XII 21 Lep. Lycaen.

Ziziphinus J. E. Gray Syn. Brit. Mus. ed. 44 p. 57 1842 Moll. Gastr.

Ziziphinus [*Nom. nud.*] J. E. Gray Syn. Brit. Mus. ed. 42 p. 147 1840 Moll. Gastr.

Zizorhis T. R. H. Thomson in Allen & Thomson Narr. Exp. Niger *v.* 2 p. 504 1848 Av. Coccygom.

Zizula T. Chapman Tr. ent. Soc. London 1910 fasc. 4 p. 483 & 492 1910 XII 21 Lep. Lycaen.

Zizyphia P. Chrétien Bull. Soc. ent. France 1908 fasc. 9 p. 166 1908 VI 16 Microlep. Gelech.

Zizyphimus (pro *Ziziphinus* Gray 1840) Crosse J. Conch. Paris *v.* 24 p. 118 1876 Moll. Gastrop.

Zizyphinus [pro *Ziziphinus* J. E. Gray 1840] L. Reeve Conch. icon. *v.* 14 Zizyphinus p. [1] 1863 Moll. Gastr.

Zizyphoides W. Distant Fauna Brit. Ind. — Rhynch. *v.* 7 p. 73 1918 IV Rhynch. Homopt. Jass.

Zizyphomyia C. H. T. Townsend P. U. S. Mus. *v.* 51 (nr. 1252) p. 317 1916 X 28 Dipt. Tachin.

Zmissolus Roewer Abh. Ver. Bremen *v.* 26 p. 311 1927 Arachn. Opil.

Zoanemus [*Nom. nud.*] C. Rafinesque Ann. gén. Sci. phys. *v.* 6 p. 364 1820 Protoz.

Zoantha J. Lamarck Syst. An. s. Vert. p. 363 An IX [1801] Anthoz. Hexacorall.

Zoantha R. Lesson Voy. Coquille — Zool. *v.* 2I p. 87 1831 Anthoz. Octocorall.

Zoanthella É. Beneden Ergeb. Plankton-Exp. *v.* 2 Ke p. 8 1897 Anthoz. Hexacorall. *(Larva)*

Zoanthina É. Beneden Ergeb. Plankton-Exp. *v.* 2 Ke p. 8 1897 Anthoz. Hexacorall. *(Larva)*

Zoanthoa [pro *Zoanthus* G. Cuvier 1798] C. Sherborn Index An. Sect. 2 fasc. 28 p. 7046 1932 II Anthoz. Hexacorall.

Zoanthus G. Cuvier Tabl. élém. p. 653 An VI [1798 I] [cfr. et. Leç. Anat. *v.* 1 tabell. 9 An VIII [1800]] Anthoz. Hexacorall.

Zoarcaeus pro *Zoarces* G. Cuvier 1829 | S. Nilsson Prodr. Ichthyol. p. 104 1832 Pisc. Teleost.

Zoarce [pro *Zoarces* G. Cuvier 1829] J. Van der Hoeven Handb. Dierk. *v.* 2 p. 224 1833 Pisc. Teleost.

Zoarces G. Cuvier Règne an. ed. 2 *v.* 2 p. 240 1829 Pisc. Teleost.

Zoarceus [pro *Zoarces* G. Cuvier 1829] A. Wiegmann Arch. Naturg. *v.* 3I p. 234 1837 Pisc. Teleost.

Zoarchias Jordan & Snyder P. U. S. Mus. *v.* 25 (nr. 1293) p. 480 1902 IX 26 Pisc. Teleost.

Zoarchus [pro *Zoarces* G. Cuvier 1829] W. Swainson Hist. Classif. Fish. *v.* 2 p. 82 & 184 1839 VII Pisc. Teleost.

Zoarcites E. Zugmayer Bull. Inst. océanogr. nr. 288 p. 3 1914 III 20 Pisc. Teleost.

Zoarcus [pro *Zoarces* G. Cuvier 1829] E. Griffith in Griffith-Cuvier An. Kingdom *v.* 10 p. 233 1834 Pisc. Teleost.

Zobia M. Saalmüller in Saalmüller (Heyden) Lep. Madag. fasc. 2 p. 384 1891 III Lep. Noctuid.

Zobia T. Thorell Descr. Cat. Spiders Burma p. 53 1895 Arachn. Aran.

Zocodum C. Rafinesque Précis Découv. somiol. p. 34 1814 Coelent. *incert. sedis*

Zodalia É. Mulsant Hist. nat. Ois.-Mouches *v.* 3 p. 281 1874 Av. Cypselom.

Zodarion C. Walckenaer Descr. Égypte — Hist. nat. *v.* 1IV p. 135 [1826] Arachn. Aran.

Zodarium pro *Zodarion* C. Walckenaer [1826] | T. Thorell N. Acta Soc. Upsal. s. 3 *v.* 7 fasc. 1. p. 107 1869 XI 13 Arachn. Aran.

Zodesmus O. F. Cook Brandtia fasc. 1 p. 3 1896 V 7 Myriop. Diplop.

Zodinus *Subg.* ad *Opatrinus* P. Dejean | Mulsant & Rey Mém. Ac. Lyon n. s. *v.* 2 p. 315 1852 Col. Tenebr.

Zodion P. Latreille Précis Caract. Ins. p. 162 An V [1796] Dipt. Acalypt.

Zodium pro *Zodion* P. Latreille 1796 | L. Agassiz Nomencl. zool. — Index p. 392 1846 Dipt. Acalypt.

Zoe [pro *Zoea* L. Bosc 1802] P. Latreille N. Dict. *v.* 24 Tabl. méth. p. 124 1804 Crust. Dec. Anom.

Zoe T. Monterosato Giorn. Sci. Palermo *v.* 13 p. 69 1878 Moll. Lam.

Zoea L. Bosc Hist. Crust. *v.* 2 p. 135 An X [1802] Crust. Dec. Anom.

Zoëdia F. Pascoe J. Ent. *v.* 1 fasc. 5 p. 361 1862 IV Col. Ceramb.

Zoenus pro *Zoe* [P. Latreille 1804] | C. Rafinesque Anal. Nat. p. 100 1815 Crust. Dec. Anom.

Zographetus E. Y. Watson P. zool. Soc. London 1893 fasc. 1 p. 72 & 84 1893 VI Lep. Hesper.

Zographus F. Laporte-Castelnau Hist. An. artic. — Ins. *v.* 2 p. 473 1840 Col. Ceramb.

Zographus P. Dejean Cat. Col. [ed. 3] p. 342 1835 VIII Col. Ceramb.

Zoica pro *Zobia* T. Thorell 1895 | E. Simon Hist. Araign. ed. 2 *v.* 2 fasc. 2 p. 248 1898 VI 30 Arachn. Aran.

Zoidea [pro *Joida* G. Johnston 1839] M. Braun Arch. Naturg. *v.* 47II p. 487 [1882] Verm. Polych.

Zoila F. Jousseaume Bull. Soc. zool. France *v.* 9 p. 89 1884 Moll. Gastr.

Zoilus pro *Zopyrus* 1883 | W. Distant Biol. Centr.-Amer. — Zool. Rhynch. Heteropt. *v.* 1 p. 297 1884 XII Rhynch. Heteropt. Geocor.

Zola W. Warren N. zool. *v.* 1 fasc. 2 p. 393 1894 IV Lep. Geometr.

Zolca F. Walker List Lep. Brit. Mus. *v.* 35 p. 1769 1866 Microlep. Pyral.

Zolium T. Casey Ann. N. York Ac. *v.* 9 p. 558 & 562 1897 Col. Pselaph.

Zolmaenus J. Stephens Cat. Brit. Ins. — Mand. p. 291 1829 Col. Staphyl.

Zolodinus É. Blanchard Voy. Pôle Sud — Zool. *v.* 4 p. 159 1853 Col. Tenebr.

Zolus D. Sharp Tr. R. Dublin Soc. s. 2 *v.* 3 fasc. 11 p. 371 1886 Col. Carab.

Zomaria Heinrich Bull. U. S. Mus. nr. 132 p. 111 1926 Lep. Tortric.

Zomaspilis [pro *Lomaspilis* Jac. Hübner 1816—26] F. Bond Entomologist *v.* 13 p. 169 1880 Lep. Geometr.

Zomba G. E. Bryant Bull. ent. Res. *v.* 13 fasc. 3 p. 263 1923 I Col. Chrysomel.

Zombis E. Simon Ann. Mus. Genova *v.* 18 p. 253 1882 Arachn. Solif.

Zombrus T. A. Marshall in Edm. & Ern. André Spec. Hym. Eur. *v.* 5II p. 10 1897 Hym. Bracon.

Zomeutis E. Meyrick J. Bombay Soc. *v.* 22 fasc. 1 p. 182 1913 IV 21 Microlep. Tineid.

Zomia pro *Omiza* F. Walker 1862 | F. Moore P. zool. Soc. London 1867 p. 650 1867 Lep. Geometr.

Zomorphus C. Rafinesque Specchio Sci *v.* 2 fasc. 9 p. 68 1814 IX Rhizop.

Zona F. Walker List Dipt. Brit. Mus. nr. 4 p. 806 1849 Dipt. Acalypt. Ortalid.

Zonabris E. Harold Col. Hefte *v.* 16 p. 134 1879 Col. Meloid.

Zonaeginthus J. L. Cabanis in Cabanis & Heine Mus. Hein. *v.* 1 p. 171 1850—51 [1851] Av. Passer.

Zonaenas [pro *Zonoenas* L. Reichenbach 1852] C. L. Bonaparte Ann. Sci. nat. — Zool. s. 4 *v.* 1 fasc. 3 p. 140 1845 VI Av. Columb.

Zonaga pro *Biblis* J. Fabricius [1807] | G. J. Billberg Enum. Ins. p. 78 1820 Lep. Nymphal.

Zonagrion [pro *Zoniagrion* C. Kennedy 1917] D. Sharp Zool. Rec. *v.* 54 (1917) Ins. p. 220 & Index p. 11 1919 Odon.

Zonaida pro *Zenaida* C. L. Bonaparte 1838 | (L. Reichenbach MS.) F. H. Waterhouse Index Av. p. 238 1889 Av. Columb.

Zonalia Curran Fam. & gen. N. Amer. Dipt. 1934 p. 429 & 464 Dipt. Tachin.

Zonandrena Hedicke Mt. Mus. Berlin *v.* 19 p. 220 1933 IX Hym. Apidae

Zonantes T. Casey Ann. N. York Ac. *v.* 8 p. 773 & 779 1895 XI Col. Xylophil.

Zonargyra [*Nom. nud.*] C. Rafinesque Atlant. J. *v.* 1 nr. 1 p. 22 1832 Pisc. Teleost.

Zonaria F. Jousseaume Bull. Soc. zool. France *v.* 9 p. 92 1884 Moll. Gastr.

†**Zonarina** *Subg.* ad *Cypraea* C. Linné | F. Sacco in Bellardi & Sacco Moll. terz. *v.* 15 p. 23 & 24 1894 Moll. Gastr.

†**Zonarites** C. Rafinesque Enum. nat. Obj. p. 4 1831 XI Brachiop.

Zonarium E. Haeckel Rep. Voy. Challenger — Zool. *v.* 18 (nr. 40) fasc. 1 p. 684 1887 Rhizop. Radiol.

Zonarius F. Hope Rev. zool. *v.* 4 p. 111 1841 IV Col. Erotyl.

Zonaspis E. Haeckel Rep. Voy. Challenger — Zool. *v.* 18 (nr. 40) fasc. 1 p. 833 1887 Rhizop. Radiol.

Zonaster D. Sharp Biol. Centr.-Amer. — Zool. Col. *v.* 1II p. 595 1886 VIII Col. Staphyl.

Zonatrichia [pro *Zonotrichia* W. Swainson [1832] C. Gay Hist. Chile — Zool. *v.* 1 p. 360 1847 Av. Passer.

†**Zonatula** H. Hamm Bryoz. p. 38 1881 Bryoz. Ectopr.

Zonemyia Shannon P. ent. Soc. Washington *v.* 27 p. 109 1925 Dipt. Syrph.

Zonephyra E. Haeckel Denk. Ges. Jena *v.* 1 fasc. 2 p. 484 1880 Scyphoz. Lobomedus.

Zonerodius T. Salvadori Ann. Mus. Genova *v.* 18 p. 336 1882 Av. Cicon.

Zonesthioasa [pro *Zonesthiousa* P. Thierry-Mieg 1907] D. Sharp Zool. Rec. *v.* 44 (1907) Ins. p. 331 1909 Lep. Noctuid.

Zonesthiosa [pro *Zonesthiousa* P. Thierry-Mieg 1907] D. Sharp Zool. Rec. *v.* 44 (1907) Index p. 14 1909 Lep. Noctuid.

Zonesthiousa P. Thierry-Mieg Naturaliste s. 2 *v.* 21 (Année 29) (nr. 493) p. 212 1907 IX 15 Lep. Noctuid.

Zoniagrion C. Kennedy P. U. S. Mus. *v* 52 (nr. 2192) p. 488 1917 V 12 Odon.

Zonibyx *Subg.* ad *Vanellus* M. J. Brisson | L. Reichenbach Av. Syst. p. XVIII [1852] Av. Grall.

Zonichthys [pro *Zonicthys*] W. Swainson Hist. Classif. Fish. *v.* 2 p. 176 & 248 1839 VII Pisc. Teleost.

Zonicthys [*Nom. nud.*] *Subg.* ad *Trachinus* | W. Swainson Hist. Classif. Fish. *v.* 2 p. 39 1839 VII Pisc. Teleost.

Zonidia [*Nom. nud.*] (Agassiz MS.) S. Scudder Nomencl. zool. — suppl. L. p. 356 1882 Moll. Gastr.

†**Zonidiscus** A. Spitz Beitr. Pal. Oesterr.-Ung. *v.* 20 p. 124 1907 Moll. Gastr.

Zonidium E. Haeckel Rep. Voy. Challenger — Zool. *v.* 18 (nr. 40) fasc. 1 p. 687 1887 Rhizop. Radiol.

Zonifer R. B. Sharpe Cat. B. Brit. Mus. *v.* 24 p. 154 1896 Av. Grall.

Zoniferella *Subg.* ad *Synapterpes* | H. Pilsbry in Tryon & Pilsbry Man. Conch. s. 2 *v.* 18 (nr. 71) p. 228 1906 Moll. Gastr.

Zonilia (J. Boisduval MS.) F. Walker List Lep. Brit. Mus. *v.* 8 p. 192 1856 Lep. Sphing.

Zoniolaimus N. Cobb Agric. Gazette N. S. Wales *v.* 9 p. 312 & 440 & 441 1898 Verm. Nemat.

Zoniomyia *Subg.* ad *Eulalia* Meigen | Pleske Annuaire Mus. St.-Petersb. *v.* 23 p. 334 1922 Dipt. Stratiom.

Zonioploca C. Stål Bih. Svenska Ak. *v.* 2IV nr. 13 p. 13 1874 Orthopt. Blatt.

Zoniopoda C. Stål Recens. Orth. *v.* 1 p. 32 1873 Orthopt. Acrid.

Zonipoda [pro *Zoniopoda* C. Stål 1873] C. Brunner Ann. Mus. Genova *v.* 33 (s. 2 *v.* 13) p. 134 1893 Orthopt. Acrid.

Zonipus [*Nom. nud.*] C. Rafinesque Atlant. J. *v.* 1 nr. 1 p. 22 1832 Pisc. Teleost.

Zoniscus E. Haeckel Rep. Voy. Challenger — Zool. *v.* 18 (nr. 40) fasc. 1 p. 686 1887 Rhizop. Radiol.

Zonitarion G. Pfeffer Abh. Ver. Hamburg *v.* 7II p. 11 1883 [separ.: 1882] Moll. Gastr.

Zonitellus Baker P. Ac. Philad. *v.* 80 p. 33 & 37 1928 Moll. Gastrop.

Zonites P. Montfort Conch. syst. *v.* 2 p. 282 1810 Moll. Gastr.

Zonitides E. Abeille Bull. Soc. Sci. Toulouse *v.* 14 p. 253 1880 Col. Meloid.

Zonitis J. Fabricius Syst. Ent. p. 126 1775 Col. Meloid.

Zonitodaema (pro Zonitodema Péringuey 1909) Pic Voy Alluaud & Jeannel Afr. or. Col. *v.* 3 p. 151 1913 Col. Meloid.

Zonitodema L. Péringuey Tr. R. Soc. S. Afr. *v.* 1 p. 284 t. 22 f. 10a & b 1909 Col. Meloid.

Zonitoides L. Fairmaire Ann. Soc. ent. Belgique *v.* 27 p. 31 1883 Col. Meloid.

Zonitoides R. Lehmann Malak. Bl. *v.* 9 p. 112 1862 Moll. Gastr.

Zonitolytta Pic Mél. exot.-ent. nr. 50 p. 29 1927 Col. Meloid.

Zonitomorpha L. Péringuey Tr. R. Soc. S. Afr. *v.* 1 p. 272 1909 Col. Meloid.

Zonitopsis pro *Zonitoides* L. Fairmaire 1883 | F. C. Wellman Canad. Ent. *v.* 42 fasc. 12 p. 395 1910 XII 15 Col. Meloid.

Zonitoschema L. Péringuey Tr. R. Soc. S. Afr. *v.* 1 p. 274 1909 Col. Meloid.

Zonitotrochus *Subg.* ad *Trochozonites* G. Pfeffer | H. Pilsbry Bull. Amer. Mus. *v.* 40 p. 253 1919 XII 18 Moll. Gastr.

Zonitrichia [pro *Zonotrichia* W. Swainson] C. L. Bonaparte Giorn. arcad. *v.* 52 p. 206 1831 [1832] Av. Passer.

Zonocerus C. Stål Öfv. Ak. Förh. *v.* 30 nr. 4 p. 51 1873 Orthopt. Acrid.

Zonochaeta Remane Zool. Jahrb. *v.* 53 p. 288 1927 Verm. Gastrotr.

Zonochares E. Meyrick Exot. Microlep. *v.* 2 fasc. 19 p. 596 1922 XII Microlep. Tineid.

Zonochroa Brauer & Bergenstamm Denk. Ak. Wien *v.* 58I p. 391 1891 Dipt. Calypt.

Zonocopris Arrow Stylops *v.* 1 p. 223 1932 Col. Copr.

Zonocryptus W. H. Ashmead P. U. S. Mus. *v.* 23 (nr. 1206) p. 40 1900 X 13 Hym. Ichneum.

Zonocypris G. W. Müller Abh. Senckenb. Ges. *v.* 21 fasc. 2 p. 260 & 284 1898 Crust. Ostr.

Zonoda [pro *Zanoda*] W. Schaus J. N. York ent. Soc. *v.* 4 fasc. 4 p. 150 1896 XII Lep. Lithos.

Zonodiscus E. Haeckel Rep. Voy. Challenger — Zool. *v.* 18 (nr. 40) fasc. 1 p. 411 & 412 1887 Rhizop. Radiol.

Zonodonta pro *Cidaria* F. Treitschke 1825 | W. [C.] Sodoffsky Bull. Soc. Moscou 1837 nr. 6 p. 91 & 97 [separ.: Etymol. Unters. p. 18 & 24] & nr. 7 p. 126 1837 Lep. Geometr.

Zonodorellus B. Poppius Arch. Naturg. *v.* 80 (1914) A nr. 8 p. 68 1915 Rhynch. Heteropt. Geocor.

Zonodoropsis B. Poppius Arch. Naturg. *v.* 80 (1914) A nr. 8 p. 67 1915 Rhynch. Heteropt. Geocor.

Zonodorus W. Distant Ann. nat. Hist. s. 8 *v.* 4 (nr. 24) p. 522 1909 XII Rhynch. Heteropt. Geocor.

Zonoena [pro *Zonoenas* L. Reichenbach 1852] C. Giebel Thesaur. Orn. *v.* 3 p. 770 1877 Av. Columb.

Zonoenas *Subg.* ad *Carpophaga* P. Selby | L. Reichenbach Av. Syst. p. XXVI [1852] Av. Columb.

Zonoepalpus Townsend Revista Mus. Paul. *v.* 15 p. 369 1927 Dipt. Tachin.

Zonogastria [pro *Zonogastris* J. L. Cabanis 1851] C. Giebel Thesaur. Orn. *v.* 3 p. 770 1877 Av. Passer.

Zonogastris pro *Pytilia* W. Swainson 1837 | J. L. Cabanis in Cabanis & Heine Mus. Hein. *v.* 1 p. 172 1850—51 [1851] Av. Passer.

Zonogobius P. Bleeker Arch. Néerl. *v.* 9 p. 323 1874 Pisc. Teleost.

Zonojoppa P. Cameron J. Straits Asiat. Soc. *v.* [nr.] 37 p. 71 1902 Hym. Ichneum.

Zonooenas [pro *Zonoenas* L. Reichenbach 1852] O. Des Murs in J. Chenu Enc. Hist. nat. — Ois. *v.* 6 p. 33 [1854] Av. Columb.

Zonopetala E. Meyrick P. Linn. Soc. N. S. Wales *v.* 7 fasc. 4 p. 459 1883 IV Microlep. Gelech.

Zonophaps *Subg.* ad *Carpophaga* P. Selby | T. Salvadori Cat. B. Brit. Mus. *v.* 21 p. 182 & 207 1893 Av. Columb.

Zonophichthus Whitley Austr. Zool. *v.* 6 p. 250 1930 Pisces Teleost.

Zonophora M. E. Selys Bull. Ac. Belgique *v.* 21II p. 80 1854 Odon.

Zonopimpla W. H. Ashmead P. U. S. Mus. *v.* 23 (nr. 1206) p. 55 1900 X 13 Hym. Ichneum.

Zonoplites C. Gloger Handb. Naturg. *v.* 1 p. 114 1842 [1841] Mam. Edent.

†**Zonopora** A. D. Orbigny Rev. Mag. Zool. s. 2 *v.* 1 p. 503 1849 X Bryoz. Ectopr.

Zonops A. J. Turner Tr. P. R. Soc. S. Austral. *v.* 24 fasc. 1 p. 17 1900 VIII Microlep. Tineid.

Zonopterus F. Hope P. Linn. Soc. London *v.* 1 fasc. 14 p. 128 1842 IV 5 Col. Ceramb.

Zonoptilus pro *Zonyptilus* V. Motschulsky 1845 | L. Agassiz Nomencl. zool. — Index. p 392 1846 Col. Staphyl.

Zonora C. Swinghoë P. zool. Soc. London 1889 p. 419 1890 IV Microlep. Pyral.

Zonosaurus pro *Cicigna* J. E. Gray 1825 | G. A. Boulenger Cat. Lizards Brit. Mus. *v.* 3 p. 127 1887 Rept. Lac.

Zonoscion *Subg.* ad *Paralonchurus* F. Bocourt | Jordan & Evermann Rep. U. S. Fish. Comm. *v.* 21 (1894—95) p. 401 1896 [1897 V] [separ.: 1896 XII] Pisc. Teleost.

Zonosema H. Loew Eur. Bohrflieg. p. 13 & 43 t. 5 f. 2 1862 Dipt. Acalypt. Trypetid.

Zonosemata Benjamin Techn. Bull. U. S. Dep. Agr. nr. 401 p. 17 1934 I Dipt. Trypet.

Zonosoma A. G. Butler Ill Lep. Heteroc. Brit. Mus. *v.* 5 p. 44 1881 Lep. Aganaid.

Zonosoma pro *Ephyra* P. Duponchel 1829 | J. Lederer Verh. Ver. Wien *v.* 3 Abh. p. 174 & 194 1853 Lep. Geometr.

Zonosoma [pro *Zonosema* H. Loew 1862] A. Marschall Nomencl. zool. p. 350 1873 Dipt. Acalypt. Trypetid.

Zonothrasys F. Karsch Ent. Zeit. Stettin *v.* 51 p. 297 1890 Odon.

Zonotrachia [pro *Zonotrichia* W. Swainson 1832] C. Maynard B. N. Amer. [ed. 1] p. 98 1881 Av. Passer.

Zonotricha [pro *Zonotrichia* W. Swainson 1832] H. Schlegel Handl. Dierk. *v.* 1 p. 355 1857 Av. Passer.

Zonotrichia *Subg.* ad *Fringilla* C. Linné | W. Swainson in J. Richardson Fauna Bor.-Amer. *v.* 2 p. 254 & 493 1831 [1832] Av. Passer.

Zonotrichium A. Meunier Camp. arct. Orléans p. 173 1910 VIII 15 Cil. Holotr.

Zonothrips Priesner Treubia *v.* 8 Suppl. p. 52 & 260 1926 VII Thysanopt. Terebr.

Zonotylus C. Gahan Tr. R. Soc. Edinb. *v.* 39 p. 9 1898 Col. Ceramb.

Zonozema [pro *Zonosema* H. Loew 1862] C. Rondani Bull. Soc. ent. Ital. *v.* 6 p. 53 1874 Dipt. Acalypt. Trypetid.

†**Zonozoe** J. Barrande Syst. silur. Bohême | Rech. pal. *v.* 1 Suppl. fasc. 3 p. 554 1872 Crust. Ostr. — ? Lept.

Zonurobia Lawrence Parasitology *v.* 27 p. 4 1935 Arachn. Acari.

Zonurus pro *Cordylus* L. Gronovius 1763 | B. Merrem Versuch Syst. Amph. p. 13 & 57 1820 Rept. Lac.

Zonyalina *(Sect.)* ad *Hyalina* [C. Schumacher] | E. Martens Malak. Bl. *v.* 12 p. 16 1865 Moll. Gastr.

Zonyalinia (pro *Zonyalina* Martens 1865) Böttger N. Jahrb. Min. 1884 *v.* 2 p. 139 1884 Moll. Gastrop.

Zonyptilus V. Motschulsky Bull. Soc. Moscou *v.* 18I p. 39 1845 Col. Staphyl.

Zoobion A. Popofsky Arch. Protistenk. *v.* 5 fasc. 3 p. 350 1905 — [?] Rhizop. Radiol.

Zoobium [pro *Zoobion* A. Popofsky 1905] F. Immermann Zool. Centralbl. *v.* 13 p. 770 1906 — ?Rhizop. Radiol.

Zooblax J. Thomson Rev. Mag. Zool. s. 3 *v.* 5 p. 274 1877 Col. Ceramb.

Zoobothryon [pro *Zoobotryon* C. G. Ehrenberg 1828] J. Gistel Naturg. Thierr. p. 180 1848 Bryoz. Ectopr.

Zoobotryon C. G. Ehrenberg in Hemprich & Ehrenberg Symb. phys. Evert. — Phytoz. t. 3 f. 10 1828 Bryoz. Ectopr.

Zoobotryum pro *Zoobotryon* C. G. Ehrenberg [1828] | L. Agassiz Nomencl. zool. — Index p. 392 1846 Bryoz. Ectopr.

†**Zoocapsa** H. G. Seeley Ann. nat. Hist. s. 4 *v.* 5 (nr. 28) p. 283 1870 IV Crust. Cirr.

Zoocarabus *Subg.* ad *Carabus* C. Linné | E. Reitter Verh. Ver. Brünn *v.* 34 Abh. p. 175 1896 Col. Carab.

Zoochtedria [*Nom. nud.*] C. Rafinesque Anal. Nat. p. 152 1815 Verm.

Zoocladium C. G. Ehrenberg in Hemprich & Ehrenberg Symb. phys. — Evert. Phytoz. t. 3 f. 6 1828 Cil. Peritr.

Zoocollon C. Rafinesque Atlant. J *v.* 1 p. 21 1832 Coelent.

Zoocosmius pro *Cosmius* | O. Fåhraeus Col. Hefte *v.* 10 p. 194 1872 Col. Ceramb.

Zoodes F. Pascoe Ann. nat. Hist. s. 3 *v.* 19 (nr. 113) p. 319 1867 V Col. Ceramb.

Zoodesmus C. Rafinesque Specchio Sci. *v.* 2 fasc. 12 p. 166 1814 XII Coelent.

Zoodioctes pro *Hylarana* [J. Tschudi 1838] | J. Gistel Naturg. Thierr. p. XI 1848 Amph. Anura.

Zooencyrtus A. Girault Mem. Queensl. Mus. *v.* 4 p. 107 1915 Hym. Chalcid.

Zoogenetes E. Morse J. Portl. Soc. *v.* 1 p. 32 1864 Moll. Gastr.

Zoogenites [pro *Zoogenetes*] E. Morse J. Portl. Soc. *v.* 1 p. 32 1864 Moll. Gastr.

Zoogoneticus S. Meek Publ. Field Columb. Mus. — Zool. Ser. *v.* 3 p. 91 t. 21 1902 Pisc. Teleost.

Zoogonoides T. Odhner Centrabl. Bakter. I Orig. *v.* 31 fasc. 2 p. 61 & 64 1902 I 24 Verm. Trem.

Zoogonus A. Looss Centralbl. Bakter. I. Orig. *v.* 29 fasc. 10 p. 439 1901 III 28 Verm. Trem.

Zoographus [pro *Zographus* P. Dejean 1835] J. O. Westwood Arcana ent. *v.* 2 p. [II] 1845 VI Col. Ceramb.

Zoolea *(Divis.) Subg.* ad *Theoclytes* | J. Audinet-Serville Hist. Ins. Orth. p. 154 & 776 1839 [1838 XII] Orthopt. Mant.

†**Zooligus** (A. Aymard MS.) F. Pictet Traité Pal. ed. 2 *v.* 1 p. 340 1853 Mam. Ungul.

Zoolygrus pro *Lygrus* | O. Fåhraeus Col. Hefte *v.* 10 p. 194 1872 Col. Ceramb.

Zoomyia pro *Hippobosca* C. Linné 1758 | J. Bigot Ann. Soc. ent. France s. 6 *v.* 5 fasc. 3 p. 227 & 234 1885 XII 28 Dipt. Pupip.

Zoomyxa M. Elmassian Arch. Zool. expér. s. 5 *v.* 2 fasc. 4 p. 229 & 249 1909 IX 15 — ? Haplospor. sive Mycetoz.

Zoonava Mathews Austral. Av. Rec. *v.* 2 p. 112 1914 Av.

Zoonavena Mathews Birds Australia *v.* 7 p. 265 1918 Av.

Zoonemus [*Nom. nud.*] C. Rafinesque Anal. Nat. p. 159 1815 Coelent.

Zoonogenus W. Nicoll Parasitology *v.* 5 fasc. 3 p. 200 1912 IX Verm. Trem.

Zoontocaris C. S. Bate Rep. Voy. Challenger — Zool. *v.* 24 (nr. 52) p. 473 1888 Crust. Dec. Macr.

[**Zoophloeus** C. Amyot Ann. Soc. ent. France s. 2 *v.* 4 fasc. 3 p. 364 1846 Rhynch. Heteropt. Geocor.] *non bin.*

Zoophthorus A. Förster Verh. Ver. Rheinlande *v.* 25 p. 180 1868 Hym. Ichneum.

†**Zoophycos** A. Massalongo Zoophycos p. [1 &] 43 1855 *incert. sedis*

†**Zoophycus** [pro *Zoophycos* A. Massalongo 1855] W. Schimper Traité Pal. végét. *v.* 1 p. 210 1869 *incert. sedis*

Zoopilus J. D. Dana U. S. expl. Exp. *v.* 7 (Zooph.) p. 318 1848 Anthoz. Hexacorall.

Zoosetha Mulsant & Rey Ann. Soc. Agric. Lyon s. 4 *v.* 7 p. 29 t. 6 f. 11 1874 Col. Staphyl.

Zoosperma J. B. Bory Dict. class. Hist. nat. *v.* 3 p. 356 1823 Verm. Trem. — ? Spermatoz.

Zoospermades J. Gistel Naturg. Thierr. p. 188 1848 Mam. Ungul. Spermatoz.

Zoosphaerium R. Pocock Ann. nat. Hist. s. 6 *v.* 16 (nr. 95) p. 410 1895 XI Myriop. Diplop.

Zoote Jac. Hübner Verz. Schmett. p. 181 1816[—26] Lep. Arctiid.

Zootecus *Subg.* ad *Buliminus* C. G. Ehrenberrg (H. Beck 1837) | C. Westerlund Paläarct. Binnenconch. *v.* 3 p. 3 1887 Moll. Gastr.

Zooteirea T. S. Wrigth Quart. J. micr. Sci. n. s. *v.* 2 p. 217 t. 8 f. 1 & t. 9 f. a & b & c 1862 Rhizop. Hel.

Zooteiria [pro *Zooteirea* T. S. Wright 1862] Edinb. n. phil. J. n. s. *v.* 10 p. 100 1859 Rhizop. Hel.

Zootermopsis Emerson Univ. Calif. Publ. Ent. *v.* 6 p. 168 & 182 1933 I 12 Isopt.

Zooteropisylvia P. Württemberg Naumannia *v.* 7 p. 433 1857 Av. Passer.

Zoothamnia J. B. Bory Enc. méth. [Text] — Zooph. fasc. 2 p. 816 1827 X Cil. Peritr.

Zoothamnium C. G. Ehrenberg Infus. p. 289 t. 29 f. 2 1838 Cil. Peritr.

Zoothera N. Vigors P. Comm. zool. Soc. London *v.* 1 p. 172 1831 [1832 III 2] Av. Passer.

Zootoca J. Wagler Syst. Amph. p. 132 & 155 1830 Rept. Lac.

Zootocus pro *Zootecus* C. Westerlund 1887 | E. Martens Arch. Naturg. *v.* 61I p. 107 1895 Moll. Gastr.

Zootrephes A. Förster Verh. Ver. Rheinlande *v.* 25 p. 162 1868 Hym. Ichneum.

Zootrephus [pro *Zootrephes* A. Förster 1868] C. G. Thomson Opusc. ent. fasc. 14 p. 1465 & 1486 1890 Hym. Ichneum.

Zootrophus [pro *Zootrephes* A. Förster 1868] K. Pfankuch Z. Hym. Dipt. *v.* 7 p. 150 & 155 1907 Hym. Ichneum.

Zopa L. J. Fitzinger SB. Ak. Wien math.-naturw. Cl. *v.* 68I p. 152 1874 Pisc. Teleost.

Zophabas (pro *Zophobas* Dejean 1834) Motschoulsky Bull. Soc. Moscou *v.* 45 nr. 2 p. 26 1872 Col. Tenebr.

Zophelops [pro *Zophohelops* E. Reitter 1902] H. Gebien in S. Schenkling Col. Cat. nr. 28 p. 534 1911 III 24 Col. Tenebr.

Zophendum D. Jordan Bull. U. S. geol. geogr. Surv. Terr. *v.* 4 fasc. 4 p. 786 1878 Pisc. Teleost.

Zopherinus T. Casey Canad. Ent. *v.* 39 fasc. 2 p. 36 & 37 1907 II 14 Col. Tenebr.

Zopherocoris O. M. Reuter Öfv. Ak. Förh. *v.* 28 (1871) p. 565 1872 Rhynch. Heteropt. Geocor.

Zopherodes T. Casey Canad. Ent. *v.* 39 fasc. 2 p. 36 & 38 1907 II 14 Col. Tenebr.

Zopheromantis N. Tindale Rec. S. Austral. Mus. *v.* 2 p. 550 1924 Orthopt. Mant.

Zopherosis Ad. White P. zool. Soc. London *v.* 27 p. 121 1859 Col. Tenebr.

Zopheroteras W. H. Ashmead Canad. Ent. *v.* 29 fasc. 11 p. 261 1897 XI 5 Hym. Cynip.

Zopherus [*Nom. nud.*] F. Hope Col. Man. *v.* 3 p. 110 1840 Col. Tenebr.

Zopherus [pro *Zophorus* G. R. Gray 1832] F. Laporte-Castelnau Hist. An. artic. — Ins. *v.* 2 p. 205 1840 Col. Tenebr.

Zophium pro *Zuphium* P. Latreille 1806 | Gistl Syst. Ins. *v.* 1 p. 112 1839 Col. Carab.

Zophius F. Brême Rev. zool. *v.* 5 p. 110 1842 IV Col. Tenebr.

Zophius P. Dejean Cat. Col. [ed. 3] p. 189 1834 Col. Tenebr.

Zophobas É. Blanchard Hist. Ins. *v.* 2 p. 15 1845 Col. Tenebr.

Zophobas P. Dejean Cat. Col. [ed 3] p. 204 1834 Col. Tenebr.

Zophobius P. Dejean Cat. Col. [ed. 3] p. 180 1834 Col. Tenebr.

Zophochroa A. J. Turner P. Linn. Soc. N. S. Wales *v.* 27 fasc. 1 (nr. 105) p. 118 1902 VIII 22 Lep. Noctuid.

†**Zophocrinus** S. A. Miller Annual Rep. Geol. & nat. Resourc. Dep. Indiana *v.* 17 (1891) Advance Sheets p. 32 1892 Echinod. Crin.

Zophodes O. Fåhraeus Öfv. Ak. Förh. *v.* 27 nr. 4 p. 298 1870 Col. Tenebr.

Zophodia Jac. Hübner Verz. Schmett. p. 370 1816[—26] Microlep. Pyral.

Zophodiodes É. Ragonot Ann. Soc. ent. France s. 6 *v.* 7 fasc. 3 p. 241 1887 XII 28 Microlep. Pyral.

Zophodiopsis C. Fromholz Berlin. ent. Z. *v.* 27 fasc. 1 p. 12 1883 V Microlep. Pyral.

Zophoessa (E. Doubleday MS.) J. O. Westwood in Doubleday & Westwood Gen. diurn. Lep. nr. 2 t. 61 & p. 362 1849 resp. 1851 Lep. Satyr.

Zophoëssa W. S. Dallas List. Hem. Brit. Mus. *v.* 1 p. 4 & 43 1851 Rhynch. Heteropt. Geocor.

Zophohelops pro *Euryhelops* 1901 | E. Reitter Wien. ent. Zeit. *v.* 21 fasc. 8/9 p. 221 1902 X 15 Col. Tenebr.

Zophomia [pro *Zophomyia* J. Macquart 1835] E. Gobert Cat. Dipt. p. 61 1887 Dipt. Calypt.

Zophomya [pro *Zophomyia* J. Macquart 1835] C. Rondani Dipt. Ital. Prodr. *v.* 3 p. 82 1859 Dipt. Calypt.

Zophomyia J. Macquart Hist. Ins. Dipt. *v.* 2 p. 159 1835 Dipt. Calypt.

Zophonyia [pro *Zophomyia* J. Macquart 1835] P. Lioy Atti Ist. Veneto s. 3 *v.* 10 p. 63 1864 Dipt. Calypt.

Zophopetes P. Mabille Gen. Ins. *v.* (fasc.) 17d p. 183 1904 Lep. Hesper.

Zophophilus L. Fairmaire Naturaliste *v.* 1 p. 359 1881 III 15 Col. Tenebr.

Zophorus G. R. Gray in Griffith-Cuvier An. Kingdom *v.* 14 p. 796 1832 Col. Tenebr.

Zophoryctes E. Simon Bull. Mus. Paris *v.* 8 (1902) fasc. 8 p. 596 [1903] Arachn. Aran.

Zophos pro *Mörchia* E. Martens 1860 | G. Gude P. zool. Soc. London *v.* 9 p. 269 1911 Moll. Gastr.

Zophoscomorpha [pro *Zophoseomorpha* J. Gistel 1848] C. Waterhouse Index zool. [*v.* 1] (1880—1900) p. 400 1902 Col. Scarab. Melol.

Zophoseomorpha J. Gistel Naturg. Thierr. p. 190 1848 Col. Scarab. Melol.

Zophoserodius *Subg.* ad *Erodius* J. Fabricius | E. Reitter D. ent. Z. 1914 fasc. 1 p. 58 1914 II 1 Col. Tenebr.

Zophosis P. Latreille Hist. Crust. Ins. *v.* 3 p. 167 An X [1802] Col. Tenebr.

Zophyrius [pro *Zephyrius* G. J. Billberg 1820] C. Sherborn Index An. Sect. 2 fasc. 28 p. 7053 1932 II Lep. Lycaen.

Zopilotes (J. Fleming MS.) G. R. Gray List Gen. B. p. 1 1840 Av. Rapt.

Zopoteredo Bartsch P. biol. Soc. Washington *v.* 36 p. 96 1923 Moll. Lam.

Zopyrinus L. Fairmaire Not. Leyden Mus. *v.* 23 fasc. 2 p. 76 1901 XII Col. Anthrib.

Zopyrion Godman & Salvin Biol. Centr.-Amer. — Zool. Lep. Rhopaloc. *v.* 2 p. 440 1896 X Lep. Hesper.

Zopyrus J. Kinberg Öfv. Ak. Förh. *v.* 23 (1866) p. 351 1866 Verm. Polych.

Zopyrus W. Distant Biol. Centr.-Amer. — Zool. Rhynch. Heteropt. *v.* 1 p. 249 1883 XI Rhynch. Heteropt. Geocor.

Zora C. L. Koch in Hahn (Koch) Arach. *v.* 14 p. 91 1847 III Arachn. Aran.

Zoraena W. F. Kirby Cat. Neur. Odon. p. 79 1890 Odon.

Zoraida pro *Thracia* J. O. Westwood 1840 | G. Kirkaldy Entomologist *v.* 33 p. 242 1900 Rhynch. Homopt. Fulg.

Zoraidoides W. Distant Ann. nat. Hist. s. 8 *v.* 13 p. 418 1914 Rhynch. Homopt. Fulg.

Zoramia D. Jordan Copeia nr. 44 p. 46 1917 V 24 Pisc. Teleost.

Zoranga [pro *Zaranga* F. Moore 1884] P. Bertkau Arch. Naturg. *v.* 51II (1884) nr. 1 p. 142 1885 Lep. Notodont.

Zorca C. T. Wood Om. Guide 1835 p. 187 Av. Rapt.

Zorcadium E. Bergroth Ann. Mus. Hungar. *v.* 16 fasc. 1 p. 307 1918 VIII 30 Rhynch. Heteropt. Geocor.

Zorella A. J. B. Robineau-Desvoidy Hist. Dipt. *v.* 1 p. 918 1863 Dipt. Calypt.

Zoreva Amyot & Serville Hist. Hém. p. 216 1843 Rhynch. Heteropt. Geocor.

Zorilispe F. Pascoe Tr. ent. Soc. London s. 3 *v.* 3 fasc. 2 p. 156 1865 VIII Col. Ceramb.

Zorilla L. Oken Lehrb. Naturg. *v.* 3II p. XI & 1000 1816 Mam. Carn.

Zorillo [pro *Zorilla* L. Oken 1816] A. Berthold Latreille's Fam. Thierr. p. 46 1827 Mam. Carn.

Zorion F. Pascoe Ann. nat. Hist. s. 3 *v.* 19 (nr. 113) p. 310 1867 V Col. Ceramb.

Zorius Reichardt Mt. Mus. Berlin *v.* 18 p. 25 1932 Col. Hister.

Zoroaster C. Wyv. Thomson Depths Sea p. 154 1873 Echinod. Ast.

Zorochros C. G. Thomson Skand. Col. *v.* 1 p. 106 1859 Col. Elat.

Zorochrus (pro *Zorochros* Thomson 1859) C. G. Thomson Skand. Col. *v.* 6 p. 116 1864 Col. Elater.

Zorocrates E. Simon Ann. Soc. ent. France s. 6 *v.* 8 fasc. 2 p. 211 1888 X 10 Arachn. Aran.

Zorodictyna E. Strand Zool. Anz. *v.* 31 fasc. 23 p. 725 1907 V 28 Arachn. Aran.

Zorontogramma F. Silvestri Boll. Laborat. Zool. Portici *v.* 9 p. 327 1915 Hym. Chalcid.

Zoropsis E. Simon Arach. France v. 4 p. 325 1878 Arachn. Aran.

Zoropsocus Tillyard P. Linn. Soc. N. S. Wales v. 60 nr. 3/4 p. 273 1935 IX 16 Psocoptera.

†**Zororhombus** D. Jordan Publ. Stanford Univ. — Univ. Ser. [v. 42] p. 39 1920 Pisc. Teleost.

Zorothis W. Schaus P. U. S. Mus. v. 50 (nr. 2132) p. 391 1916 V 20 Lep. Noctuid.

Zorotypus F. Silvestri Boll. Laborat. Zool. Portici v. 7 p. 196 1913 Zorapt.

Zorsines [pro *Zorzines* H. Druce 1891] P. Bertkau Arch. Naturg. v. 58II (1891) nr. 2 p. 191 1892 XII Lep. Noctuid.

Zorus Webster & Benedict Rep. U. S. Fish Comm. v. 13 (1885) p. 730 1887 Verm. Polych.

Zorzines H. Druce Biol. Centr.-Amer. — Zool. Lep. Heteroc. v. 1 p. 446 1891 IV Lep. Noctuid.

Zosime A. Boeck Forh. Selsk. Christian. 1872 p. 45 1872 Crust. Cop.

Zosimus (Leach MS.) A. G. Desmarest I Dict. Sci. nat. [ed. 2] v. 28 p. 228 nota 1823 Crust. Dec. Brach.

Zosimus L. Schaufuss Tijdschr. Ent. v. 29 p. 293 1886 Col. Pselaph.

Zosippus W. Distant Biol. Centr.-Amer. — Zool. Rhynch. Heteropt. v. 1 p. 241 1883 XI Rhynch. Heteropt. Geocor.

Zosis C. Walckenaer Ann. Soc. ent. France v. 2 p. 438 & 444 1833 Arachn. Aran.

Zosmenus [pro *Zosnanus*] F. Laporte-Castelnau Mag. Zool. v. 2 Cl. IX (Ins.) nr. 52—55 (Ess. Hém.) p. 49 1832 Rhynch. Heteropt. Geocor.

Zosmerus [pro *Zosnanus* F. Laporte-Castelnau 1832] C. H. Burmeister Handb. Ent. v. 2I p. 257 & 262 1835 Rhynch. Heteropt. Geocor.

Zosmotes F. Pascoe Tr. ent. Soc. London s. 3 v. 3 fasc. 2 p. 145 1865 VIII Col. Ceramb.

Zosnanus F. Laporte-Castelnau Mag. Zool. v. 2 Cl. IX (Ins.) nr. 52—55 (Ess. Hém.) p. 47 1832 Rhynch. Heteropt. Geocor.

Zosne F. Pascoe P. zool. Soc. London 1866 p. 227 & 263 1866 Col. Ceramb.

Zosperamerus L. Bruner Biol. Centr.-Amer. — Zool. Orthopt. v. 2 p. 214 & 274 1907 V resp. 1908 V Orthopt. Acrid.

Zospeum J. Bourguignat Rev. Mag. Zool. s. 2 v. 8 p. 499 1856 Moll. Gastr.

Zosterisessor (pro *Zostericola* Iljin 1927) Whitley Rec. Austral. Mus. v. 19 p. 250 1935 Pisces Teleost.

Zosterius J. Thomson Syst. Ceramb. p. 181 1864 Col. Ceramb.

Zosteromeigenia C. H. T. Townsend P. U. S. Mus. v. 56 (nr. 2301) p. 579 1919 XII 15 Dipt. Calypt.

Zosteromyia Brauer & Bergenstamm Denk. Ak. Wien v. 58I p. 376 1891 Dipt. Calypt.

Zosteromyiopsis Townsend J. N. York ent. Soc. v. 40 p. 456 1932 Dipt. Dexiidae

Zosteropicola T. H. Johnston Mem. Queensl. Mus. v. 1 p. 214 1912 XI 27 Verm. Cest.

Zosteropisylvia pro *Zooteropisylvia* P. Württemberg 1857 | M. T. Heuglin J. Orn. v. 15 p. 295 1867 Av. Passer.

Zosteropoda A. R. Grote Bull. Buffalo Soc. v. 2 p. 22 & 67 1874 V Lep. Noctuid.

Zosterops Vigors & Horsfield Tr. Linn. Soc. London v. 15 fasc. 1 p. 234 1826 Av. Passer.

Zosteropsis C. H. T. Townsend P. U. S. Mus. v. 51 (nr. 2152) p. 309 1916 X 28 Dipt. Calypt.

Zosterornis W. Ogilvie-Grant Bull. Orn. Club. v. 3 p. 1 1894 VI 30 Av. Passer.

Zosterothrix pro *Vatinius* J. Kaup 1869 | R. Zang Zool. Anz. v. 29 fasc. 5 p. 155 1905 VI 27 Col. Passal.

Zostus *Subg.* ad *Reduvius* J. Fabricius | C. Stål Svenska Ak. Handl. n. s. v. 12 nr. 1 p. 37 1874 Rhynch. Heteropt. Geocor.

Zotale F. Pascoe Tr. ent. Soc. London s. 3 v. 3 fasc. 3 p. 329 1866 IX Col. Ceramb.

Zotalemimon Pic Mél. exot.-ent. nr. 43 p. 29 1925 Col. Ceramb.

Zothea A. Risso Hist. Eur. mérid. v. 4 p. 424 1826 Verm. Polych.

Zotheca A. R. Grote Bull. Buffalo Soc. v. 2 p. 23 & 68 1874 V Lep. Noctuid.

†**Zotodon** [pro *Xotodon* F. Ameghino 1887] R. Lydekker Nat. Sci. v. 4 p. 30 1894 I Mam. Ungul.

Zoubkovia [pro *Zubkovia* A. Semenow 1894] G. Seidlitz in W. F. Erichson Naturg. Ins. Deutschl. v. 5II p. 815 1899 Col. Oedemer.

Zoufalia *Subg.* ad *Amaurops* L. Fairmaire | E. Reitter Ent. Bl. v. 14 fasc. 7—9 p. 201 1918 IX 8 Col. Pselaph.

Zouga W. Distant Ins. Transvaal. v. 1 fasc. 7 p. 176 1906 VI 30 Rhynch. Homopt. Cic.

Zouza pro *Jalla* E. Giglio-Tos 1907 | E. Strand Int. ent. Z. v. 5 fasc. 40 p. 287 1911 XII 30 Orthopt. Mant.

Zoyphium F. F. Kohl Verh. Ges. Wien v. 43 Abh. p. 569 1893 XII Hym. Spheg.

Zoyphium pro *Zuphium* P. Latreille 1806 | L. Agassiz Nomencl. zool. — Index p. 393 1846 Col. Carab.

Zozia Winckworth P. malac. Soc. London v. 19 p. 15 1930 Moll. Lam.

Zozimus [pro *Zosimus* Desmarest 1823] A. G. Desmarest I Dict. Sci. nat. [ed. 2] v. 28 p. 425 1823 Crust. Dec. Brach.

Zozis [*Subg.*] ad *Uloborus* P. Latreille | E. Simon Hist. Araign. ed. 2 v. 1 fasc. 1 p. 215 1892 X 10 Arachn. Aran.

Zozymodes C. Heller Verh. Ges. Wien v. 11 Abh. p. 8 1861 Crust. Dec. Brach.

Zozymoides [pro *Zozymodes* C. Heller 1861] A. Marschall Nomencl. zool. p. 422 1873 Crust. Dec. Brach.

Zozymus [pro *Zozimus* A. G. Desmarest I 1823] H. Milne-Edwards Hist. Crust. v. 1 p. 383 1834 IV Crust. Dec. Brach.

Zschachia Oudemans Ent. Ber. Nederl. Ver. v. 7 p. 450 VI 1929 Arachn. Acari.

Zschokella M. Auerbach Zool. Anz. v. 35 fasc. 1/2 62 1909 X 5 Sporoz. Cnidospor.

Zschokkea F. Koenike Zool. Anz. v. 15 (nr. 399) p. 320 1892 VIII 29 Arachn. Acar. Hydryphant.

Zschokkea [pro *Zschokkia*] O. Fuhrmann Centralbl. Bakter. I Orig. *v.* 32 fasc. 2 p. 140 1902 VII 26 Verm. Cest.

Zschokkeella pro *Zschokkea* O. Fuhrmann 1902 | B. Ransom Bull. U. S. Mus. nr. 69 p. 65 1909 Verm. Cest.

Zschokkella Klokacewa Protoz. teste Zool. Rec. *v.* 51 (1914) Index p. 18 1916

Zschokkella pro *Zschokella* — M. Auerbach Zool. Anz. *v.* 35 fasc. 8 p. 240 1909 XII 21 Sporoz. Cnidospor.

Zschokkia O. Fuhrmann Centralbl. Bakter. I Orig. *v.* 32 fasc. 2 p. 138 1902 VII 26 Verm. Cest.

Zua (Leach MS.) W. Turton Man. Shells Brit. Isl. p. 82 1831 Moll. Gastr.

Zuanalia Curran Fam. & Gen. Amer. Dipt. 1934 p. 457 & 468 Dipt. Tachin.

Zubkovia A. Semenow Horae Soc. ent. Ross. *v.* 28 fasc. 2/3 p. 454 nota & 467 1894 XI 15 Col. Oedemer.

Zubovskya Dovnar-Zapolskij Trav. Inst. zool. Ac. Sci. U. R. S. S. *v.* 1 nr. 3/4 p. 255 & 267 1933 Orth. Acrid.

Zucleica W. Leach Moll. Brit. Syn. p. 307 1852 Moll. Lam.

Zuela [*Nom. nud.*] (Fitch MS.) F. Goding Canad. Ent. *v.* 25 fasc. 8 p. 196 1893 VIII 2 Rhynch. Homopt. Membr.

Zürcheria Lindner Arch. Naturg. *v.* 92 A nr. 12 p. 102 1928 XII Dipt. Stratiom.

Zürcheria E. Reitter Wien. ent. Zeit. *v.* 27 fasc. 4/5 p. 134 1908 IV 15 Col. Tenebr.

†**Zugmayeria** W. Waagen Mem. geol. Surv. Ind. s. 13 *v.* 1 p. 334 1882 Brachiop.

†**Zugmontites** O. Reis Geogn. Jahresh. *v.* 18 p. 148 1907 Moll. Ceph.

†**Zugocosmoceras** (pro *Zugokosmokeras* Buckman 1923) Stoll Abh. Geol. Pal. Inst. Greifswald *v.* 13 p. 35 1934 Moll. Ammon.

†**Zugodon** pro *Zygodon* R. Owen [1839] | H. Bronn Index pal. *v.* 1 fasc. 2 p. 1381 1848 Mam. Cet.

Zulaimena G. Kirkaldy Tr. ent. Soc. London 1902 fasc. 2 p. 256 1902 VI 17 Rhynch. Heteropt. Geocor.

Zulcarnaïna [*Nom. nud.*] W. Oshanin Sapiski Imp. Russ. geogr. Obschtsch. *v.* 23 fasc. 1 p. 35 1891 Rhynch. Heteropt. Geocor.

Zuleika W. Distant Ann. nat. Hist. s. 8 *v.* 9 (nr. 50) p. 193 1912 II Rhynch. Homopt. Fulg.

Zulpha F. Walker Cat. Dermapt. Saltat. Brit. Mus. *v.* 3 p. 478 1870 Orthopt. Loc.

Zulphidea pro *Zulphis* 1893 | L. Fairmaire Ann. Soc. ent. Belgique *v.* 38 p. 395 1894 Col. Ceramb.

Zulphis L. Fairmaire Ann. Soc. ent. Belgique *v.* 37 p. 518 1893 Col. Ceramb.

Zulua Ramme Mt. Mus. Berlin *v.* 15 nr. 2 p. 327 1929 IX 2 Orth. Acrid.

Zuluacarus I. Trägårdh Zool. Anz. *v.* 30 fasc. 26 p. 876 1906 XI 27 Arachn. Acar. Gamas. s. lat.

Zulubius pro *Trichocnemus* C. Stål. 1873 | E. Bergroth Ann. Soc. ent. Belgique *v.* 38 p. 547 1894 Rhynch. Heteropt. Geocor.

Zuluia J. Rehn Ann. Transvaal Mus. *v.* 9 fasc. 1 p. 87 1922 X 30 Orthopt. Blatt.

Zulumantis Sjöstedt Ark. Zool. *v.* 21 nr. 32 A p. 28 1930 IX 29 Orth. Mant.

Zumala F. Walker Cat. Dermapt. Saltat. Brit. Mus. *v.* 2 p. 413 1869 Orthopt. Loc.

Zumoffenia R. Fourtau Mém. Inst. Égypt. *v.* 7 fasc. 2 p. 50 & 51 1912 Echinod Ech.

Zunacetha F. Walker List Lep. Brit. Mus. *v.* 27 p. 133 1863 Lep. Diopt.

Zunasia Jordan & Metz Mem. Carnegie Mus. *v.* 6 fasc. 1 p. 7 1913 VI Pisc. Teleost.

Zungaro P. Bleeker Acta Soc. Indo-Neêrl. *v.* 4 p. 35 & 204 1858 Pisc. Teleost.

Zungaropsis F. Steindachner Anz. Ak. Wien *v.* 45 p. 67 1908 Pisc. Teleost.

Zuniga G. & E. Peckham Occas. Papers Soc. Wisconsin *v.* 2 fasc. 1 p. 42 1892 Arachn. Aran.

Zuninga pro *Zuniga* G. & E. Peckham 1892 | E. Simon Hist. Araign. ed. 2 *v.* 2 fasc. 3 p. 522 1901 V 23 Arachn. Aran.

Zuophium [pro *Zuphium* P. Latreille 1806] V. Motschulsky Bull. Soc. Moscou *v.* 34 I p. 107 1861 Col. Carab.

Zuphaea [pro *Zuphea* A. Risso 1826] F. E. Guérin-Méneville Enc. méth. [Text] — Zool. *v.* 10 fasc. 2 p. 822 1828 Crust. Is.

Zuphanusa W. Leach Tr. Plymouth Inst. 1830 p. 174 1830 Crust.

Zuphea A. Risso Hist. Eur. mérid. *v.* 5 p. 104 1826 Crust. Is.

Zuphiolum L. Fairmaire Bull. Soc. ent. France 1896 fasc. 14 p. 344 & 366 1896 VIII Col. Carab.

Zuphiosoma F. Laporte-Castelnau Tr. P. R. Soc. Victoria *v.* 8 p. 103 1868 Col. Carab.

Zuphium P. Latreille Gen. Crust. Ins. *v.* 1 p. 198 1806 Col. Carab.

Zura C. Heyden Isis 1826 fasc. 6 column. 611 1826 Arachn. Acar. *incert. sedis*

Zurama (Leach MS.) W. Turton Man. Shells Brit. Isl. p. 64 1831 Moll. Gastr.

†**Zurcheria** H. Douvillé Bull. Soc. géol. France s. 3 *v.* 13 p. 36 1884 Moll. Ceph.

Zurcheria [pro *Zürcheria* E. Reitter 1908] D. Sharp Zool. Rec. *v.* 45 (1908) Ins. p. 253 1910 Col. Tenebr.

Zurobata F. Walker List Lep. Brit. Mus. *v.* 34 p. 1276 1865 Lep. Noctuid.

Zurobota [pro *Zurobata* F. Walker 1865] A. Marschall Nomencl. zool. p. 319 1873 Lep. Noctuid.

[**Zurus** C. Amyot Ann. Soc. ent. France s. 2 *v.* 4 fasc. 2 p. 162 1846 Rhynch. Heteropt. Geocor.] *non bin.*

Zurus K. Heller Abh. Mus. Dresden *v.* 5 (1894/95) nr. 11 p. 5 1895 Col. Curc.

Zusidava F. Walker List Lep. Brit. Mus. *v.* 26 p. 1637 1862 Lep. Uran.

Zustalestus *Subg.* ad *Otiorrhynchus [Otiorhynchus]* E. F. Germar | E. Reitter Wien. ent. Zeit. *v.* 31 fasc. 2 p. 51 1912III15 Col. Curc.

Zutulba pro *Anteris* H. & D. Wallengren 1865—66 | W. F. Kirby Cat. Lep. Heteroc. *v.* 1 p. 80 1892 Lep. Zygaen.

Zuzara W. Leach Dict. Sci. nat. [ed. 2] *v.* 12 p. 344 1818 Crust. Is.

Zwickia Oudemans Ent. Ber. Nederl. Ver. *v.* 6 p. 310 1924 IX1 Arachn. Acari.

Zygacantha Johannes Müller Abh. Ak. Berlin 1858 p. 51 1858 Rhizop. Radiol.

Zygacantharium *Subg.* ad *Zygacantha* Johannes Müller | E. Haeckel Rep. Voy. Challenger — Zool. *v.* 18 (nr. 40) fasc. 1 p. 746 1887 Rhipoz. Radiol.

Zygacanthidium *Subg.* ad *Zygacantha* Johannes Müller | E. Haeckel Rep. Voy. Challenger — Zool. *v.* 18 (nr. 40) fasc. 1 p. 747 1887 Rhizop. Radiol.

Zygacanthonium *Subg.* ad *Zygacantha* Johannes Müller | E. Haeckel Rep. Voy. Challenger — Zool. *v.* 18 (nr. 40) fasc. 1 p. 748 1887 Rhizop. Radiol.

†**Zygadenia** Ant. Handlirsch Foss. Ins. p. 558 1906 Col. *incert. sedis*

Zygaena G. Cuvier Règne an. *v.* 2 p. 127 1817 Pisc. Elasm.

Zygaena J. Fabricius Syst. Ent. p. 550 1775 Lep. Zygaen.

Zygaena *Subg.* ad. *Squalus* C. Linné | L. Oken Lehrb. Naturg. *v.* 3II p. IV & 168 1816 Pisc. Elasm.

Zygaeneula [pro *Zygaenula* C. L. Doleschall 1858] A. Marschall Nomencl. zool. p. 350 1873 Dipt. Acalypt. Ortalid.

Zygaenocephalus A. Murray P. zool. Soc. London 1862 t. 1 1862VI Mam. Chiropt.

Zygaenodes F. Pascoe Ann. nat. Hist. s. 3 *v.* 4 (nr. 23) p. 328 1859XI Col. Anthrib.

Zygaenoprocris G. Hampsor J. Bombay Soc. *v.* 13 fasc. 2 p. 225 1900VII Lep. Zygaen.

Zygaenopsis A. Rochebrune Bull. Soc. philom. s. 7 *v.* 8 n. 19 1884 Moll. Ceph.

Zygaenopsis C. Felder in Felder & Rogenhofer Reise Novara — Zool. *v.* 2II (Lep.) t. 102 f. 19 & explic. t. (75—107) *v.* 10 1869 resp. 1875 Lep. Lithos.

Zygaenopsis C. Swinghoe Cat. Lep. Heteroc. *v.* 1 p. 61 1892 Lep. Lithos.

Zygaenosia pro *Zygaenopsis* C. Swinhoe 1892 | G. Hampson Cat. Lep. Phal. Brit. Mus. *v.* 2 p. 423 1900 Lep. Lithos.

Zygaenula C. L. Doleschall Natuurk. Tijdschr. Nederl. Ind. *v.* 17 (s. 4 *v.* 3) p. 117 1858 Dipt. Acalypt. Ortalid.

Zygana [pro *Zygaena* G. Cuvier 1817] J. Fleming Phil. Zool. *v.* 2 p. 377 1822 Pisc. Elasm.

Zygantroplana F. Laidlaw P. zool. Soc. London 1906 [fasc. 3] p. 709 1906X Verm. Turb.

Zygapophysia *Subg.* ad *Zygacantha* Johannes Müller | A. Popofsky Ergeb. Plankton-Exp. *v.* 3 Lfa p. 73 1904 Rhizop. Radiol.

Zygara F. Pascoe Ann. Mus. Genova *v.* 22 (s. 2 *v.* 2) p. 288 1885 Col. Curc.

Zygartus E. Haeckel Jena. Z. *v.* 15 (n. s. *v.* 8) p. 463 1881 Rhizop. Radiol.

Zygas F. Pascoe J. Ent. *v.* 2 (fasc. 14) p. 487 1866VI Col. Tenebr.

Zygaspis [*Subg.*] ad *Amphisbaena* C. Linné | E. Cope P. Amer. phil. Soc. *v.* 22II p. 188 1885III Rept. Lac.

Zygastropyga C. H. T. Townsend P. biol. Soc. Washington *v.* 30 p. 191 1917XII1 Dipt. Calypt.

Zygethobius R. Chamberlin Ent. News *v.* 14 nr. 10 p. 335 1903XII Myriop. Chilop.

Zygethomeris R. Chamberlin Arachn. Ann. nat. Hiw. s. 9 *v.* 7 p. 55 1921

Zygeupolia C. B. Thompson Zool. Anz. *v.* 23 (nr. 610) p. 151 1900III19 Verm. Nemert.

Zygethopolys Chamberlin Bull. Mus. Harvard *v.* 57 p. 408 1925 Myriop. Chilop.

Zygia C. L. Koch in G. Panzer (Herrich-Schäffer) Faun. Ins. Germ. fasc. 123 t. 17—19 1834 Arachn. Aran.

Zygia J. Fabricius Syst. Ent. p. 126 1775 Col. Melyr.

Zygiella pro *Zygia* C. L. Koch 1834 | F. P. Cambridge Ann. nat. Hist. s. 7 *v.* 9 (nr. 49) p. 15 1902I Arachn. Aran.

Zygimus F. X. Fieber Verh. Ges. Wien *v.* 20 Abh. p. 249 & 264 1870 Rhynch. Heteropt. Geocor.

Zygina F. X. Fieber Verh. Ges. Wien *v.* 16 Abh. p. 509 & 515 1866 Rhynch. Homopt. Jass.

Zyginella P. Löw Verh. Ges. Wien *v.* 35 Abh. p. 346 1885 Rhynch. Homopt. Jass.

Zyginidia (pro *Idia* Fieber 1866) Haupt Zool. Jahrb. *v.* 58 nr. 2 p. 268 1929X10 Hem. Cicad.

Zyginoides Matsumura Ins. matsum. *v.* 6 nr. 2 p. 106 1932II Hem. Cicad.

Zygiobia J. J. Kieffer Bull. Soc. Metz *v.* 28 (s. 3 *v.* 4) p. 55 1913 Dipt. Cecidom.

†**Zygites** E. Kittl Ann. Hofmus. Wien *v.* 6 fasc. 2 p. 200 1891 Moll. Gastr.

Zygitis pro *Zygia* J. Fabricius [1775] | C. Rafinesque Anal. Nat. p. 110 1815 Col. Melyr.

Zygmena F. Boie Z. Ent. Germar *v.* 1 fasc. 2 p. 391 1839 Lep. Geometr.

Zygnidopsis pro *Zygnopsis* W. Blanford 1874 | W. Blanford J. As. Soc. Bengal *v.* 48 p. 128 1879 Rept. Lac.

Zygnis L. Oken Lehrb. Naturg. *v.* 3II p. 284 1816 — nec non L. J. Fitzinger Classif. Rept. p. 23 & 53 1826 — Rept. Lac.

Zygnopsis W. Blanford Ann. nat. Hist. s. 4 *v.* 14 (nr. 79) p. 33 1874VII Rept. Lac.

Zygoballus G. & E. Peckham P. nat. Hist. Soc. Wisconsin 1885 p. 81 1885XII Arachn. Aran.

Zygobarella T. Casey Mem. Col. *v.* 9 p. 509 1920IV8 Col. Curc.

Zygobarinus D. Pierce Ent. News Philad. *v.* 18 fasc. 9 p. 382 & 385 1907XI Col. Curc.

Zygobaris J. L. Leconte P. Amer. phil. Soc. *v.* 15 (nr. 96) p. 301 & 317 1876XII Col. Curc.

Zygobaroides D. Pierce Ent. News Philad. *v.* 18 fasc. 9 p. 382 & 384 1907XI Col. Curc.

†**Zygobathes** pro *Myliobatis* [C. Duméril] 1817 | L. Agassiz Rech. Poissons foss. *v.* 1 p. 4 [1833] Pisc. Elasm.

†**Zygobates** [pro *Zygobatis* 1838] L. Agassiz Rech. Poissons foss. *v.* 3 p. 328 1843 Pisc. Elasm.

†**Zygobatis** *[Nom. nud.]* L. Agassiz Rech. Poissons foss. *v.* 3 p. 79 1838 Pisc. Elasm.

†**Zygobolba** Ulrich & Bassler Maryland geol. Surv., Silurian p. 304 & 530 1923 Crust. Ostrac.

†**Zygobolbina** Ulrich & Bassler Maryland geol. Surv. Silurian p. 305 & 563 1923 Crust. Ostrac.

Zygobothria J. Mik Wien. ent. Zeit. *v.* 10 fasc. 6 p. 193 1891 VII 31 Dipt. Calypt.

Zygobothrium K. Diesing Syst. Helm. *v.* 1 p. 480 & 602 1850 Verm. Cest.

Zygobunus Chamberlin Bull. Mus. Harvard *v.* 67 p. 245 1925 Arachn. Opil.

Zygocampe E. Haeckel Rep. Voy. Challenger — Zool. *v.* 18 (nr. 40) fasc. 1 p. 399 1887 Rhizop. Radiol.

Zygocanna E. Haeckel Denk. Ges. Jena *v.* 1 p. 212 & 214 t. 15 f. 7 & 8 1879 Hydroz. Hydroid.

Zygocannata [pro *Zygocannota* E. Haeckel 1879] R. Lendenfeld Descr. Cat. Medus. p. 38 1887 Hydroz. Hydroid.

Zygocannota E. Haeckel Denk. Ges. Jena *v.* 1 p. 212 & 215 1879 Hydroz. Hydroid.

Zygocannula E. Haeckel Denk. Ges. Jena *v.* 1 p. 212 & 216 t. 15 f. 6 1879 Hydroz. Hydroid.

Zygocarcelia Townsend Suppl. ent. *v.* 16 p. 64 1927 Dipt. Tachin.

Zygocephala C. Rondani Ann. Mus. Genova *v.* 7 p. 443 1875 Dipt. Acalypt. Diopsin.

Zygocera P. Dejean Cat. Col. [ed. 3] p. 344 1835 VIII Col. Melyr.

Zygocera W. F. Erichson Arch. Naturg. *v.* 8I p. 223 & 224 1842 Col. Ceramb.

Zygochlamys Ihering An. Mus. Buenos Aires s. 3 *v.* 7 p. 250 1907 Moll. Lam.

Zygocircus O. Bütschli Z. wiss. Zool. *v.* 36 fasc. 3 p. 496 1881 XII 30 Rhizop. Radiol.

Zygoclistron J. Rehn Ent. News Philad. *v.* 16 fasc. 2 p. 39 1905 II Orthopt. Acrid.

Zygocotyle Stunkard J. Paras. *v.* 3 p. 26 1917 Verm. Trem.

Zygocranchia pro *Zygaenopsis* A. Rochebrune 1884 | W. Hoyle P. R. phys. Soc. Edinb. *v.* 17 p. 276 1909 Moll. Ceph.

†**Zygocrinus** H. Bronn Index pal. fasc. 2 p. 1381 1848 Echinod. Blast.

Zygoctenia W. Warren N. zool. *v.* 2 fasc. 2 p. 128 1895 VI Lep. Geometr.

Zygocystis Friedr. Stein Arch. Anat. Physiol. 1848 p. 216 — cfr. et A. Frantzius Arch. Naturg. *v.* 14I p. 191 & 194 t. 7 f. 1—2 1848 Sporoz. Gregar.

Zygodactyla *Subg.* ad *Mesonema* J. F. Eschscholtz | J. F. Brandt Recu. Act. Ac. St.-Pétersb. 1834 p. 221 1835 Hydroz. Hydroid.

Zygodipla Bezzi Bull. Soc. ent. Egypte *v.* 18 p. 268 1926 Dipt. Bombyl.

Zygodoctyla [pro *Zygodactyla* J. F. Brandt 1835] R. Lendenfeld P. Linn. Soc. N. S. Wales *v.* 9 fasc. 2 p. 213 1884 VIII 19 Hydroz. Hydroid.

†**Zygodon** pro *Basilosaurus* R. Harlan 1834 | R. Owen Athenaeum London 1839 (nr. 585) p. 35 1839 I 12 Mam. Cet.

Zygodontomys J. A. Allen Bull. Amer. Mus. *v.* 9 p. 38 1897 Mam. Rod.

Zygodrosophila F. Hendel D. ent. Z. 1917 fasc. 1/2 p. 43 1917 VII 1 Dipt. Acalypt.

Zygoena [pro *Zygaena* G. Cuvier 1817] D. H. Storer Rep. Fish. Rept. B. Massach. p. 200 1839 Pisc. Elasm.

Zygofrontina C. H. T. Townsend P. U. S. Mus. *v.* 49 (nr. 2115) p. 427 1915 XI 27 Dipt. Calypt.

Zygogaster C. Eigenmann Indiana Univ. Stud. nr. 18 p. 22 1913 Pisc. Teleost.

Zygogeomys C. H. Merriam North Amer. Fauna nr. 8 p. 195 1895 Mam. Rod.

Zygogramma P. Dejean Cat. Col. [ed. 3] p. 398 1835 Col. Chrysomel.

Zygogramma pro *Zygoramma* E. Cope 1870 | S. Scudder Nomencl. zool. — suppl. L. p. 357 & 376 1882 Rept. Chel.

Zygographa E. Meyrick Ann. S. Afr. Mus. *v.* 17 fasc. 1 p. 11 1917 V 18 Microlep. Tineid.

Zygolepas pro *Sigapatella* R. Lesson [1831] | A. N. Herrmannsen Indicis Gen. Malac. Primord. *v.* 2 fasc. 4 p. 450 1848 II Moll. Gastr.

†**Zygolestes** F. Ameghino Seg. Censo Argent. *v.* 1 p. 243 1898 Mam. Marsup.

Zygolobus A. E. Grube Arch. Naturg. *v.* 29I p. 40 1863 Verm. Polych.

Zygolonche *Subg.* ad *Amphilonche* E. Haeckel | A. Popofsky Ergeb. Plankton-Exp. *v.* 3 Lfa p. 112 1904 Rhizop. Radiol.

Zygolonchidium *Subg.* ad *Amphilonchidium* E. Haeckel | A. Popofsky Ergeb. Plankton-Exp. *v.* 3 Lfa p. 114 1904 Rhizop. Radiol.

Zygolopha E. Meyrick Exot. Microlep. *v.* 1 fasc. 8 p. 242 1914 X Microlep. Tineid.

†**Zygolophodon** [*Subg.*] ad *Mastodon* G. Cuvier | M. Vacek Abh. geol. Reichsanst. *v.* 7IV p. 45 1877 VII 1 Mam. Ungul.

†**Zygomaturus** W. S. MacLeay Morning Herald Sydney 1857 1857 VIII Mam. Marsup. teste R. Owen Res. Foss. Mam. Austral. p. 250 & 251 1877

Zygometis E. Simon P. zool. Soc. London 1901 II fasc. 1 p. 63 1901 X Arachn. Aran.

Zygometra A. H. Clark Smithson. Collect. *v.* 50 (quart. issue *v.* 4) fasc. 3 (nr. 1778) p. 345 & 347 1907 X 29 Echinod. Crin.

Zygomicrus T. Casey Ann. N. York Ac. *v.* 9 p. 667 & 679 1897 Col. Curc.

Zygomma G. Enderlein Arch. Naturg. *v.* 77 Suppl. 3 p. 143 1911 XII Dipt. Mycetoph.

Zygomma H. Bronn Kl. Ordn. *v.* 2 p. 143 1859 Hydroz. Hydroid.

Zygomycale Topsent Annot. zool. Jap. *v.* 12 p. 431 1930 Spong. Cornacuspong.

Zygomyia J. Winnertz Verh. Ges. Wien *v.* 13 Abh. p. 901 1863 Dipt. Mycetophil.

Zygonectes L. Agassiz Amer. J. Sci. s. 2 *v.* 16 p. 135 1853 Pisc. Teleost.

Zygonema L. Agassiz Contr. nat. Hist. Amer. *v.* 2 p. 149 & 166 1862 Scyphoz. Lobomedus.

Zygonemella Cobb Contr. nematol. IX, Nematology Waterley Press. Baltimore, p. 247 1920 Vermes Nemat.

Zygonemertes T. Montgomery Zool. Jahrb. — Syst. *v.* 10 fasc. 1 p. 2 1897 III 25 Verm. Nemert.

Zygoneura J. W. Meigen Syst. Beschr. zweifl. Ins. *v.* 6 p. 304 1830 Dipt. Sciar.

Zygonevra [pro *Zygoneura* J. W. Meigen 1830] J. Macquart Hist. Ins. Dipt. *v.* 1 p. 158 1834 Dipt. Sciar.

Zygonidia W. F. Kirby Ann. nat. Hist. s. 7 *v.* 5 (nr. 30) p. 532 1900 VI Odon.

Zygonopus J. Ryder P. U. S. Mus. *v.* 3 p. 527 1881 Myriop. Diplop.

Zygonotus F. X. Fieber Wien ent. Monschr. *v.* 4 p. 261 1860 Rhynch. Heteropt. Geocor.

Zygonyx H. A. Hagen Verh. Ges. Wien *v.* 17 Abh. p. 58 & 62 1867 Odon.

Zygopachylus Chamberlin Bull. Mus. Harvard *v.* 67 p. 243 1925 Arachn. Opil.

Zygopatella pro *Sigapatella* R. Lesson [1831] | A. N. Herrmannsen Indicis Gen. Malac. Primord. *v.* 2 fasc. 4 p. 450 1848 II Moll. Gastr.

Zygophlaeoba I. Bolivar Ann. Soc. ent. France *v.* 70 (1901) fasc. 3/4 p. 591 1902 V Orthopt. Acrid.

Zygophlebius L. Navás Broteria *v.* 9 (Ser. zool.) fasc. 2 p. 82 1910 Neuropt. Hemerob.

Zygophora [pro *Zeugophora* G. Kunze 1818] A. Berthold Latreille's Fam. Thierr. p. 400 1827 Col. Chrysomel.

Zygophronia Edwards Ins. Samoa *v.* 6 p. 31 1928 Dipt. Mycetophil.

Zygophylax J. Quelch Ann. nat. Hist. s. 5 *v.* 16 (nr. 91) p. 4 t. 1 f. 4 1885 VII Hydroz. Hydroid.

Zygophyllus [pro *Zygolobus*] A. E. Grube Arch. Naturg. *v.* 29 I p. 66 1863 Verm. Polych.

Zygophyxia L. Prout Ann. Transvaal Mus. *v.* 5 fasc. 3 p. 164 1916 V 30 Lep. Geometr.

Zygopleura E. Koken N. Jahrb. Min. *v.* 2 p. 30 1892 Moll. Gastr.

Zygops pro *Eccoptus* P. Dejean 1821 | C. F. Schoenherr Isis 1825 fasc. 5 column. 586 1825 Col. Curc.

Zygopsella G. C. Champion Biol. Centr.-Amer. — Zool. Col. *v.* 4v p. 42 1906 VIII Col. Curc.

Zygopsides S. Marseul Abeille *v.* 5 p. 203 1868 Col. Curc.

Zygopsocus Tillyard P. Linn. Soc. N. S. Wales *v.* 60 nr. 3/4 p. 271 1935 IX 16 Copeognatha

Zygoptera A. Popofsky Ergeb. Plankton-Exp. *v.* 3 Lfa p. 104 1904 Rhizop. Radiol.

Zygoramma E. Cope P. Amer. phil. Soc. *v.* 11 p. 550 1870 XII Rept. Chel.

†**Zygorhiza** F. W. True Bull Mus. Harvard *v.* 52 fasc. 4 p. 78 1908 IX Mam. Cet.

Zygoribatula *Subg.* ad *Oribatula* | Ant. Berlese Redia *v.* 12 p. 317 1917 [separ.: 1916 VI 12] Arachn. Acar. Oribat.

†**Zygosaurus** E. Eichwald Bull. Soc. Moscou *v.* 21 II (fasc. 3) p. 159 1848 Amph. Stegoceph.

Zygoseius *Subg.* ad *Lasioseius* | Ant. Berlese Redia *v.* 12 p. 41 1917 [separ.: 1916 VI 12] Arachn. Acar.

†**Zygosella** Ulrich & Bassler Maryland geol. Surv. Silurian p. 305 & 568 1923 Crust. Ostrac.

Zygoselmis F. Dujardin Hist. Zooph. p. 369 1841 VI Flagell. Euf.

Zygosiphon W. T. Calman Tr. zool. Soc. London *v.* 18 fasc. 1 p. 2 & 25 1907 VIII Crust. Cum.

Zygosis A. Förster Verh. Ges. Wien *v.* 19 Abh. p. 363 & 365 1869 Hym. Cynip.

Zygosoma pro *Conorhynchus* R. Greeff 1880 | A. Labbé Tierreich *v.* 5 p. 40 1899 VII Sporoz. Gregar.

Zygospila Achard Fragm. entom. p. 53 1923 Col. Chrysom.

†**Zygospira** J. Hall Annual Rep. N. York Cab. *v.* 15 p. 154 1862 Brachiop.

Zygospyris E. Haeckel Rep. Voy. Challenger — Zool. *v.* 18 (nr. 40) fasc. 2 p. 1024 & 1055 1887 Rhizop. Radiol.

Zygostaurus E. Haeckel Rep. Voy. Challenger — Zool. *v.* 18 (nr. 40) fasc. 1 p. 774 1887 Rhizop. Radiol.

Zygostephaniscus E. Haeckel Jena Z. *v.* 15 (n. s. *v.* 8) p. 446 1881 Rhizop. Radiol.

Zygostephanium E. Haeckel Rep. Voy. Challenger — Zool. *v.* 18 (nr. 40) fasc. 2 p. 970 & 972 1887 Rhizop. Radiol.

Zygostephanus E. Haeckel Radiol. *v.* 1 p. 268 1862 Rhizop. Radiol.

Zygostephus E. Haeckel Jena Z. *v.* 15 (n. s. *v.* 8) p. 446 1881 Rhizop. Radiol.

Zygostrophus Chamberlin Bull. Mus. Harvard *v.* 64 p. 228 1920 Myriop.

Zygosturmia C. H. T. Townsend Ann. ent. Soc. Amer. *v.* 4 fasc. 2 p. 142 1911 VI Dipt. Calypt.

Zygota A. Förster Hym. Stud. *v.* 2 p. 128 & 131 & 135 1856 Hym. Proctotrup.

Zygothrica C. Wiedemann Achias p. 12 & 16 1830 Dipt. Acalypt. Drosophil.

Zygothrips H. Uzel Monogr. Thysanopt. p. 243 1895 Thysanopt. Tubul.

Zygothuria R. Perrier CR. Ac. Sci. *v.* 126 p. 1665 1898 Echinod. Hol.

Zygotrica [pro *Zygothrica* C. Wiedemann 1830] S. Scudder Nomencl. zool. — suppl. L. p. 357 1882 Dipt. Acalypt. Ortalid.

Zygotricha [pro *Zygothrica* C. Wiedemann 1830] L. Agassiz Nomencl. zool. — Dipt. p. 42 1846 Dipt. Acalypt. Ortalid.

Zygozalestes T. Casey Mem. Col. *v.* 10 p. 107 & 211 1922 XI 25 Col. Curc.

Zygozenillia Townsend Revista Mus. Paul. *v.* 15 p. 268 & 369 1927 Dipt. Tachin.

Zygrita J. Thomson Ess Ceramb. p. 69 1860 Col. Ceramb.

Zylobara A. G. Butler Cistula ent. *v.* 2 (fasc. 22) p. 468 1879 VIII 16 Lep. Geometr.

Zylobus Barber Ent. Amer. *v.* 10 nr. 4 (n. s.) p. 230 1930 III Hem. Reduv.

Zylophagus [pro *Xylophagus* J. W. Meigen 1803] P. Latreille Gen. Crust. Ins. *v.* 4 p. 271 1809 Dipt. Xyloph.

Zymaus F. Pascoe Tr. ent. Soc. London 1870 fasc. 4 p. 449 1870 XII Col. Curc.

Zymene (err. pro *Xymene* Iredale 1915) Marshall & Murdoch Tr. N. Zealand Inst. *v.* 55 p. 156 1924 Moll. Gastrop.

Zymologa Meyrick Exot. Microlep. *v.* 2 p. 275 1919 Lep.

Zyosoma [pro *Zygosoma* A. Labbé 1899] A. W. Brown Zool. Rec. *v.* 36 (1899) Protoz. p. 25 1900 Sporoz. Gregar.

Zyphotyca [pro *Ziphotheca* G. Montagu 1811] W. Swainson Hist. Classif. Fish. *v.* 2 p. 174 & 239 1839 VII Pisc. Teleost.

Zypoetes G. C. Champion Biol. Centr.-Amer. — Zool. Col. *v.* 4I p. 532 1893 I Col. Tenebr.

Zyras J. Stephens Ill. Brit. Ent. — Mand. *v.* 5 Suppl. p. 430 1835 III 31 Col. Staphyl.

Zyrcosa F. Pascoe J. Linn. Soc. London — Zool. *v.* 10 (nr. 47) p. 438 1870 I 17 Col. Curc.

Zyrcosoides A. Hustache Ann. Soc. Linn. Lyon *v.* 67 p. 17 1921 Col. Curc.

Zyrcosus [pro *Zyrcosa* F. Pascoe 1870] A. Newton Zool. Rec. *v.* 7 (1870) p. 523 1871 Col. Curc.

Zyrichthys [pro *Xyrichlys* G. Cuvier 1814] W. Swainson Hist. Classif. Fish. *v.* 2 p. 172 & 224 1839 VII Pisc. Teleost.

Zyrphaea (pro *Zirfaea* Gray 1840) Leach Moll. Great. Brit. Syn. p. 252 1852 Moll. Lam.

Zythonia J. O. Westwood Thesaur. ent. Oxon. p. 108 1874 Col. Erotyl.

Zyxomma J. Rambur Hist. nat. Névropt. p. 26 & 30 1842 Odon.

Zyxommoides R. Martin Ann. Soc. ent. France *v.* 90 fasc. 1 p. 94 1921 XII 14 Odon.

Zyzeuctus [pro *Syzeuctus* A. Förster 1868] W. H. Ashmead P. U. S. Mus. *v.* 23 (nr. 1206) p. 51 1900 X 13 Hym. Ichneum.

Zyzomys O. Thomas Ann. nat. Hist. s. 8 *v.* 3 (nr. 16) p. 372 1909 IV Mam. Rod.

Zyzypyge W. Hopp Ann. Hofmus. Wien *v.* 44 p. 276 1930 Lep. Megalopyg.

Zyzza pro *Germaria* F. Laporte-Castelnau 1832 | G. Kirkaldy Entomologist *v.* 33 p. 243 1900 Rhynch. Homopt. Jass.

Zyzzogeton Breddin Soc. ent. *v.* 16 fasc. 23 p. 178 1902 III 1 Rhynch. Homopt. Jass.

Zyzzygus [pro *Zyzzyzus* E. Stechow 1921] W. Sclater Zool. Rec. *v.* 58 (1921) Index p. 14 1923 Hydroz. Hydroid.

Zyzzyva T. Casey Mem. Col. *v.* 10 p. 327 & 369 1922 XI 25 Col. Curc.

Zyzzyzus E. Stechow Münch. med. Wochenschr. *v.* 68 nr. 1 p. 30 1921 I 7 nec non Arch. Naturg. *v.* 87A (1921) nr. 3 p. 249 1921 VIII Hydroz. Hydroid.

Nachwort

Zum Abschluß des Nomenclator Animalium Generum et Subgenerum sei es mir erlaubt einige Worte hinzuzufügen.

Die Herausgabe des Schlußheftes ist einem glücklichen Zufall zu verdanken, der mir die von meinem Vorgänger im Zoologischen Museum, Prof. Dr. H. HEDICKE, korrigierten Fahnen der ersten Korrektur desjenigen in die Hände spielte.

Bei der Durchsicht der Fahnen und bei deren Vergleich mit dem im Jahre 1940 erschienenen Nomenklator von S. A. NEAVE ergab sich die Notwendigkeit zahlreicher weiterer Korrekturen und Ergänzungen, die sämtlich an Hand von Originalquellen und unter strenger Beachtung der für unseren Nomenklator geltenden redaktionellen Bestimmungen vorgenommen wurden.

Es konnten gleichzeitig bei NEAVE, von „Zaphleges" an, mehrere Fehler in der Rechtschreibung von Namen und in den Zitaten korrigiert werden. Unter diesen 1179 Gattungsnamen fand ich 10 Namen, die durch Schreib- oder Druckfehler zu neuen nomina nuda geworden sind, sowie 55 mehr oder weniger wichtige Fehler in den Zitaten der Originalquellen. Die neuen nomina nuda NEAVES sind in das vorliegende Schlußheft des Nomenklators nicht übernommen worden.

Keiner der seit AGASSIZ 1846 erschienenen Nomenklatoren kann hinsichtlich seiner Zuverlässigkeit und Vollständigkeit einem Sprachwörterbuch an die Seite gestellt werden. Angesichts der großen und dauernd steigenden Zahl von Gattungsnamen[1]) muß ich aber als Systematiker die wohl von allen Systematikern vertretene Ansicht zum Ausdruck bringen, daß wir von einem künftigen Nomenklator eine „wörterbuchmäßige" Zuverlässigkeit und Vollständigkeit erwarten und verlangen müssen. Ein Nomenklator ist ja nichts anderes als ein Wörterbuch der gebräuchlichen Tiernamen. Was würde man von einem Sprachwörterbuch halten, welches voll von Rechtschreibefehlern steckte?

Die beiden modernsten Nomenklatoren, das nun vollständig vorliegende der Deutschen Akademie der Wissenschaften zu Berlin und das von der Zoological Society of London herausgegebene von S. A. NEAVE bilden zweifellos gute Grundlagen für ein künftiges, vollständiges und zuverlässiges Verzeichnis von Gattungsnamen des Tierreiches, welches dem Systematiker eine sichere Auskunft über die Rechtschreibung der Namen und über ihre Quellen in die Hand geben wird.

Allen Herren Kollegen vom Zoologischen Museum der Humboldt-Universität spreche ich hier nochmals meinen besten Dank für die bereitwillige Hilfe bei dem Vergleich vieler Gattungsnamen mit den mir nicht direkt zugänglichen Originalquellen.

Dem Direktor des Zoologischen Museums, Herrn Prof. Dr. A. KAESTNER, der sich der Herausgabe des Schlußheftes in verständnisvoller Weise angenommen hat, sowie der Deutschen Akademie der Wissenschaften zu Berlin, welche die Mittel dazu bewilligte, bin ich im Namen aller Systematiker zu einem besonderen Dank verpflichtet.

Stefan von Kéler

[1]) Ich schätze die Zahl der bis heute vergebenen Gattungsnamen der Tiere auf etwa 250000. Der vorliegende Nomenklator bringt bis 1935 rund 196000 Gattungsnamen, während NEAVE bis 1940 deren rund 210000 verzeichnet.

Erschienen im Akademie-Verlag GmbH., Berlin W 8, Mohrenstraße 39
Lizenz 202 · 100/74/53
Satz und Druck: Werkdruckerei „Vorwärts", Burg (Bez. Magdeburg)
Bestell- und Verlagsnummer 3011
Printed in Germany

FSC
www.fsc.org
MIX
Papier | Fördert
gute Waldnutzung
FSC® C083411

Kolibri 360 GmbH
Ferdinand-Jühlke-Straße 7
99095 Erfurt, Deutschland
produktsicherheit@kolibri360.de